U0046782

預約實用知識，延伸出版價值

淺田卓——著
浅田すぐる
汫玲——譯

成功語錄超實踐！

松下幸之助的職場心法

從思考優先轉為行動優先的
「紙一張」思考工作術

第一章　正面・聚焦　32

不被困難所困擾

下雨了，就把傘撐開

早晨發想、白天實行，然後在傍晚反省

第三章 革新與他人相關的工作方式

花七成力看到優點，花三成力看到缺點

序章 超越「超譯」——

就算學得再多也「無法實踐的人」VS.「能實踐所學的人」

「不管讀了多少本商管書，幾乎沒有能在工作中活用的經驗……」

「學得再多也無法進展到行動階段，總是還沒能好好掌握就結束了……」

「不知為何總是對未來感到不安，不管做什麼都會因為想太多而止步不前……」

以上都是我20幾歲的時候，在工作時實際感受到的事。

現在正在閱讀此書的你，應該也多少有同感吧。

本書正是為了支援懷抱著這樣的心聲，日復一日為工作奮鬥的商業人士而撰寫。

或者是，到目前為止閱讀了許多商管書，但最後總是覺得：

「什麼商管書，根本就沒有用」、「反正不管哪本都一樣吧」

若因此變得心灰意冷的人，也希望你務必能閱讀本書。

如果我這麼說有稍微引起你的共鳴的話，還請試試看回答下面的問題。

閱讀商管書、自我啟發心理勵志書或實用書籍的時候，你的態度比較接近下面三種中的哪一種呢？

態度①：針對書中所寫的內容，「搞懂的話」會做看看

態度②：針對書中所寫的內容，「想做的話」會做看看

態度③：針對書中所寫的內容，會「先做看看再說」

如果你是屬於「搞懂再做」的讀者，或是態度②「想做再做」的讀者……像這樣的讀書態度，或許正是你「就算讀了商管書也無法活用在工作上」、「學得再多也無法好好掌握」、「想東想西結果變得止步不前」的原因也說不定。

怎麼說呢？

首先，假設你的讀書態度是「搞懂再做」，在閱讀的時候光只是遇上稍微難一點或是不懂的地方，就很容易做出如下的判斷：「這個不適合我」、「這個做法我搞不太清楚」、「激發不出靈感」等，總會找些莫名的理由，導致連踏出實踐的第一步都做不到。或者是，就算能夠踏出第一步，但只要感覺到有任何一點「不懂」，最後還是會馬上放棄。

「咦，如果遇到搞不懂的地方就先別去做，這不是理所當然的事情嗎？」

愈是容易有這種感覺的人，還請專注、深入地繼續閱讀接下來的內容。

再者，如果書的內容有趣就會去嘗試，也就是受到所謂情感上的刺激而「想做再做」的態度②讀者，其實也很難到達實踐的階段。

更精準地說，會實踐的時間大概只有「讀完的三天後到大約一週內左右」。就像俗話說的「三分鐘熱度」一樣，我們所謂的幹勁、動機，在短時間內就會枯竭了，這是一個自然過程。

因此，讀了書之後會說「想做的話就會做」的人，就像是在一開始就宣布「我只能維持三分鐘熱度。」

另一方面，「先做看看再說」的態度③的情況，就不會發生這種事。「說不定做一做就會變得有趣了」、「說不定做一做就會搞懂了」，正因為以這種樂觀的角度看待，就算一開始不懂或不有趣也沒關係。

這是因為一開始就選擇了「總而言之先持續下去」的緣故。

這就是最重要的一點，你是否也恍然大悟了呢？

簡而言之，態度③的讀者本來就不會以「如果搞得懂」、「如果想做」之類的「附加條件」來決定要不要去實踐。

總之就是「**行動第一**」。不管是讀書或是工作，都是以此為基本原則。

我認為，就算搞不太懂內容，或是拿不出幹勁，商管書本來就是「如果不姑且先做看看，讓它在工作上派上用場的話，就沒有意義了」，你覺得如何呢？

你會在此時買書，一定是因為有什麼煩惱，或是有什麼想解決的事情存在；而且，正是因為目前的自己「完全不懂」該如何處理問題，才會想從書籍中尋求協助吧。

而因為閱讀時本來就是以自己的知識不足為前提，所以如果有就算讀了也無法激發靈感的部分，反而是很自然的。

儘管如此，還是會有只要稍微看到不懂的地方，就會擅自判斷「這對我來說還太難了」、「還是放棄吧」的讀者。

很遺憾的是：愈是學習意願高、愈是常看商管書的人，愈是有出現這種想法和心態的傾向，這樣的例子很多。

試著讀到這裡後，你有什麼想法呢？

你的讀書態度，是不是也在不知不覺中就默默以「搞懂再做」、「想做再做」當成前提了呢？藉此機會試著正視你的問題吧。

強調「一讀就懂」的商管書，會阻礙讀者的行動

先做再說、行動第一的人，僅僅是少數派。

這是為什麼呢？

在此要從稍微宏觀的角度進行說明。

特別是在進入二〇〇〇年之後，商管書的世界中出版了許多「用圖解搞懂〇〇」、「用故事搞懂〇〇」的書。

像這種書，可以說是應前述的三種讀書態度之中「搞得懂嗎？」、「有趣嗎？」的需求而生的書籍。

然而，即使從這種風格的書開始大量出版以來，已經過了十五年以上，讀了書之後就能活用在工作中的商業人士，到頭來真的有增加嗎？

「什麼商管書，哪本不都一樣」、「盡是些無聊的書」、「書的品質一年比一年差了」，反倒是像這樣的批評聲浪變得愈來愈多。

從這個背景來看近年來的商管書環境，講白一點：

難道不是因為出版社光會出些「一讀就懂」、「有趣」的書，造成「只要讀懂就能滿足」、「只要提起勁就能滿足」的讀者增加了嗎？

我強烈感受到了這點。

如果不加上「能夠搞懂」、「覺得有趣」這些理由，就不會想動手實踐。這種「不付諸行動」的商業人士，也就是這樣的讀者群增加了。

最後，負責出版書籍的一方也為了回應需求，更進一步大量產出「用圖解搞懂」、「用故事搞懂」、「用漫畫搞懂」系列的書籍……。

對於這樣的發展，如果能以減少「不付諸行動」的讀者為前提，就能找出根本的解決對策了嗎？在我看來，這反而可能只會陷入讓「不付諸行動」的讀者增加的「負面循環」之中。

對於「超譯書」所提出的質疑

圖解、故事、漫畫，除此之外，還有一個近年來催生了許多暢銷書的商管書類型。

那就是「超譯書」。

所謂的超譯，指的不只是單純將名人的名言以現代文字翻譯出來；而是再積極加上譯者的解釋，以「易懂性」、「娛樂性」為翻譯的優先順序。

然而，到目前為止，我讀這種超譯書完全沒有半點「這真是太棒了」的感覺。這是因為現今出版的每本超譯書，全都是以「搞懂再做」、「想做再做」這種讀書態度作為預設立場。

總之就是把艱深的原文超譯得很好懂。根據書籍不同，甚至也有超譯文一旁未列出原文，或是未明確標註原文出處的書。如果是重視「能否搞懂」的讀者，或許只要這樣就能覺得「這很好懂！」了吧。

或者是，憑著外觀的分量以及豪華的裝訂方式，來刺激重視「是否有趣」的讀者的感受。

光只是接觸名言，不知為何就能讓人有種自己接近了偉人的「感覺」；重複閱讀、品味偉人的名言，就能恢復幹勁和精神。有時也會突然得到「啟發」，並對這樣的啟發感到「感激」對吧。

然而，從用「行動第一」的態度③來讀書的讀者立場看來，現今這類超譯書中常有很多會讓人感到困擾的內容。

例如，就算使用超譯來讓文句變得好懂，但內容還是很抽象，這樣的案例並不少見。

「想做看看」的讀者，就算想著「那麼，接下來要從哪裡開始行動呢？」而讀了現在這種超譯書，還是會遇上問題——

「要做好覺悟」↓具體來說，到底要怎麼做才好呢？
「要有強烈意識」↓要做什麼才算是有意識到呢？
「要傾注熱忱」↓怎麼樣做才能傾注呢？

書裡頭盡是這些令人歪頭不解的內容。

簡而言之，就算寫了「什麼事情最重要」，也常常沒寫出「具體而言要怎麼做才好」。

因此，就算是用「總之先做看看再說」的態度來閱讀，也難以進展到行動的階段。因為這是比「搞不懂」還更前端的問題。如果一開始就沒寫出具體要怎麼做，變得「無法付諸行動」也就理所當然了。

一言以蔽之，現今所出版的超譯書：

「只是好懂、讀起來有趣，但很難在工作上派上用場。」

不只是超譯書，整體而言，有許多商管書都是這種本末倒置的書。總而言之，如果你能夠稍微理解，或對我所認知到的根本問題有所共鳴的話，我會很高興。

為什麼要對現今的商管書提出這樣的質疑？

雖然有點遲，但還請容我在此做個自我介紹。

我平日是從事透過企業內訓、演講及工作坊等「推廣商業技巧的工作」。具體做法為：

「紙一張」的整理技術

如同字面上的意思，我是教學員將工作所需資料用「紙一張」就整理完的技術；用更一般化的話來說，就是傳授「『紙一張』的思考整理法」。

- 只花三分鐘左右寫出「紙一張」，就能徹底將因為大量資訊而一團亂的腦袋整理好的方法
- 在短時間內，將整理好的內容用對方容易懂的「紙一張」來表達的說明力
- 用「紙一張」的方式支援時間管理、行動與習慣培養等等

藉由讓學員學習這些技巧，來解決減少加班、提升業績、職場管理能力等各式各樣商業上的課題，實現心中的願望。我每天都在從事像這樣的工作。

此外，我是到目前為止出版了三本商管書的作者，同時也是個喜愛閱讀商管書的讀者，從二十歲左右開始每年持續接觸一〇〇本以上的商管書，固定觀察這類書籍。正因為如此，才得以掌握前面所寫到的大方向。

原本該是要引導商業人士解決煩惱的商管書，反而妨礙了他們的「行動第一」。

對於這樣的現況，我懷抱著強烈的危機意識。

「就算讀了商管書也無法活用在工作上。」

「什麼商管書，根本沒用。」

是不是能為了如此感嘆的人們，使用到目前為止超過三十萬讀者（本書發行當時）所學過的「紙一張」方法，寫出一本前所未有、能打破現狀的商管書呢？

我深思熟慮後所獲得的結果，正是本書。

現在所需要的並不是「超譯書」，而是絕對派得上用場的「超實踐書」

終於做好萬全的準備了。

還請讓我與大家分享本書中作為前提的世界觀及問題意識。

對於如何將閱讀活用於工作中，「超實踐書」比起「超譯書」更為必要

可以在「行動第一」的讀者背後推一把的偉人名言集，對日本的商業環境來說應該是更為必要的吧。

與其說這是「超譯書」，這樣嶄新的內容更應該形容為「超實踐書」才對。

「超譯」與「超實踐」。

看起來就像是押了頭韻，但這兩個詞彙其實是似是而非的東西。或許本來就不該並列在一起表現才對。

不過，為了能將本書的概念清楚用言語表現，便姑且採用。

要說到底是哪裡不同的話，那就是「主詞」了。

「超譯」的主詞，說到底就是「作者」。不管是多麼艱澀的原文，作者都能將其轉換成好懂的文字。「超譯」正是強調這股力量的詞彙。

另一方面，「超實踐」的主詞正是像你這樣的「讀者」。

要將讀過的內容在工作上活用到什麼程度，取決於你如何實踐。身為作者的我能做的事，就只是在後面推一把。在此前提下，不管是將原文變得好懂，或是將其轉換得更有趣，我都覺得可以。

本書是以你為主角，以「絕對能夠實踐並派上用場的商管書」為目標執筆。作為其關鍵的，正是前面所介紹到的「紙一張」思考整理法。我所提倡、稱為「1 Sheet Frame Works」的思考整理法，是在撰寫本書時已有七〇〇〇名以上學員學習過的商業技巧。

我也收到許多來自不同業界、職業、年齡的學員傳來的Before／After經驗談，包括「加班時間確實減少了」、「達成了原本被說絕對不可能的業績目標」、「升等考試及格了」、「成功轉職到想去的公司」、「實現了創業的心願，第一年就賺到了超過上班族時代的年收入」等等。

這個方法，能讓「往往沒實踐就收場的被動者」覺醒成為「時常去實踐的獨立‧自律者」。最後就能解決自身的問題，或是順利實現願望，讓自己邁向自由自在的人生。

現代商業人士所必備的「不倚賴他人的能力」與「自信」，只要透過寫下「紙一張」就能磨練。這正是「1 Sheet Frame Works」之所以會受到支持的理由。

如果將「紙一張」的方法活用在「實踐偉人名言」上，到底會變成什麼樣子呢？

別開生面的獨特名言集，就此誕生！

什麼是用「紙一張」成為松下幸之助？

那麼，下一個問題是：「說到偉人的話，應該選誰才好？」有誰留下許多能夠實踐於工作中的呢？

我無論如何都想提出的人物，就是松下幸之助。

雖說如此，好像有愈來愈多年輕商業人士不知道松下幸之助是哪位。

因此，除了一般粉絲跟讀者粉絲們，本書的架構也考量到能否讓完全是新手的讀者們順暢閱讀。以下是關於松下幸之助的最基本資訊：

- 二〇一八年創業一〇〇周年的Panasonic（松下電器）的創辦人
- 有「經營之神」之稱，如今也持續帶給人們影響力著書超過六十本，著作《路是無限寬廣》為戰後日本史上發行量第二高的最佳暢銷書，是日本代表性的商管書作家

只要先記住這點程度的知識就十分足夠了。

還有許多其他統整了松下幸之助生平與概要的書籍，在閱讀完本書後再去接觸即可。

比起這個，本書將帶你挑戰現有的松下幸之助書籍中所沒有的獨特嘗試。這個嘗試就是：

徹底解說只要寫下「紙一張」，就能實踐松下幸之助名言的方法。

藉由簡單且具體的動作，就能將名言化為行動。不管是誰都能在工作中派上

用場。

不只因為搞懂或是感動就滿足，更能因為實踐而感到滿足。

這是一本並非超譯，而是藉由「紙一張」來「超實踐」的松下幸之助書籍。

這就是本書標題中所隱含的世界觀。

為什麼現在應該實踐松下幸之助的名言？

這是我想在序章提出的最後一個疑問。

到底為什麼要在本書提到松下幸之助呢？

要說原因的話可能說都說不完，在此暫且先歸納出3個理由。

理由之①：松下幸之助是「先做看看再說」的最佳典範

在你身邊，有多少商業人士是會實踐「行動第一」的人呢？

或者，在你書架上的商管書、心理勵志書或實用書中，有多少是「行動第一」的人可以馬上實踐的內容呢？

你問我到底想說什麼？

「身邊可以作榜樣的人實在很少……」

我想一定有很多人的狀態都是這樣。

如果我能向這樣的你，介紹某位總是堅持行動第一的商業人士，第一位浮現在我腦海中的人物，就是松下幸之助了。

松下幸之助並沒有學過什麼高階的經營知識，而且原本就連高中跟大學都沒上過。即使這樣他還是被稱為經營之神，到現在也還是持續帶給許多商業人士影響。

如果松下幸之助是搞懂再做、思考第一的人，那麼絕對會有一大堆搞不懂的事情才對。

如果光說不練而無法身體力行，那就無法創造出歷史的偉業了吧。

另外，松下幸之助從年輕的時候開始身體就很差，甚至有段時期被迫休養，無法盡情工作。

如果是以「想做再做」的觀點來看，也曾發生過很多非常難以維持動機的情況。

即使如此，他還是積極看待一切事物，從容不迫且日復一日地累積自己做得到的事，是持續實踐「先做再說」的人。

這就是松下幸之助。

特別是常什麼都還沒掌握到就匆匆了事的現代商業人士和商管書讀者，我更希望各位能大量接觸松下幸之助所說的話。

然後，希望各位能將他以實踐為目標的工作方式學以致用。

理由之②：正因為是松下幸之助，「超實踐」才比「超譯」重要

耶穌基督、尼采、釋迦牟尼、孔子、空海、吉田松陰……等等。

會被當成超譯書題材的人物，他們的著述或言行錄等，基本上都很艱澀。

與此相比，松下幸之助的話則非常好懂。

因為他多是使用比喻、舉例、經驗談，並以口語化的口吻述說，所以也有很多容易喚起讀者想像力的文章。

如果是積極的學生，應該會相當能夠融會貫通。其實，我在大學時代，常窩在圖書館裡讀《松下幸之助名言集》之類的著作，讀了有數十本之多。

松下幸之助原本就相當平易近人，不是會被拿來作為超譯書題材的人物。但換個角度想，也可以說正是因為現今的「超譯本」幾乎不以「實踐」為志向，所以到目前為止都沒有選擇他作為範例。

這次我們並不是「透過超譯來理解就滿足」，而是要以「學會如何實踐，在工作派上用場而滿足」為目的。松下幸之助的觀點可以說是最符合本書的基調。

我將以「如何活用於每天的工作」為軸心，完全不偏離主題地向你介紹一系列的名言與實踐方法。

不管是首次接觸松下幸之助名言的人，或是已經知道大多數名言的人，如果過去曾覺得「想要實踐卻不知從哪裡開始」的話，還敬請期待接下來第一章之後的內容。

理由之③：正是因為現代人身心俱疲，才更需要松下幸之助

就像前面曾經講過的，松下幸之助年輕時身體就很差。

雖然我稱不上身體很差，不過實際上我從小體力就比不上一般人。在當上班族的時期，也是每過了半個禮拜就快喘不過氣，週末時總是窩在家裡睡死，等到清醒時往往已經禮拜天傍晚了，像這樣的事情不曉得發生過幾次。

我也曾經因為壓力身心崩潰，只好停職一段時間。會獨立創業雖然有很多理由，但對我個人而言，「想要按照自己的步調來工作」也是很大的契機之一。

因為我是這種羸弱的創業家，所以聽到身邊能量滿滿的創業家說出「一開始的三年連睡覺時間都不敢浪費」、「如果想成功，一直動起來就對了」、「現在這個年紀稍微熬夜也不會死人的」之類的建議時，我只能靜默以對。

我身邊的成功人士，獨立創業的也盡是些強而有力的熱血漢子，沒辦法作為我的參考。支撐著我的，正是松下幸之助的著作。每次閱讀他的書，我就能打起

精神。

「這點程度可不是該悶悶不樂的情況。」

「像我這樣的人，也還是有很多可以成就的事。」

「每天一點一滴累積做得到的事吧。」

到目前為止，雖然我不經意地寫出了不少自己的弱處，但相信讀了這樣的內容後，應該也會有不少讀者有所共鳴。

曾經像我一樣為身心失衡所苦的商業人士，在現在這個時代應該相當多。就算不到失衡的程度，精神和身體總是莫名感到很疲憊的人應該也是不斷增加吧。

正是因此，我才希望身心俱疲的現代商業人士能夠閱讀松下幸之助的著作，並從他的言行之中獲得勇氣。

身處比我們來得艱難許多的環境中，健康也有些問題，卻在工作上克服了無數比現在的我們所面對的事更加嚴苛的問題，他就是這樣的人物。

希望大家務必知道，曾有一位這樣的日本人存在（雖然他也不是多久以前的古人就是了）。

比起名言，本書將重心更放在實踐方法的解說上，不過還是盡可能摘錄了名言的前後文。

這是希望各位就算只是閱讀本書，也能建立起積極向前看的心境。如果本次的閱讀經驗，能夠成為你實踐的基礎、邁向明日的活力，那我將會備感榮幸。

如果你對序章中任何一點有所共鳴的話，還請務必閱讀到最後。那麼接下來，就正式進入本書內容吧。

第1章

正面・聚焦

本書所介紹的松下幸之助，
是個身體差、沒有好學歷，又曾經很窮困，
卻還是達到人稱「經營之神」境界的人物。

他到底是用什麼樣的世界觀
來面對每天的工作呢？

本章將介紹，
如何掌握松下幸之助作為原動力的
「維持某種心態」的方法。

不被困難所困擾

事前準備作業①

首先從「工作表1」的寫法開始

「不被困難所困擾。」

這是松下幸之助的名言中，最為人所知的一句。

不過，光從字面上來看，第一次看到的讀者應該有大半都搞不懂是什麼意思吧。事實上，我學生時代第一次看到這句話的時候，只有「嗯？」地歪頭不解的記憶。

就算你現在不懂這句話的內容，也請放寬心。

倒不如說，不懂其中涵義的人，更能享受接下來的作業。

那麼，就讓我接著介紹事前準備作業的內容吧。到底是要做什麼呢？在序章中已經介紹過了。

我想讓你在此快速地體驗一下「紙一張」的整理技術。

首先，請準備好：

・白色影印紙

・綠色、藍色、紅色簽字筆

本書是預設各位手邊有A4大小的影印紙來進行說明；不過如果使用別的尺寸、廢紙的背面、筆記本或便條紙，當然也都OK。

另外，簽字筆顏色則預設以綠、藍、紅三色進行說明，不過就算不是這三種顏色也無妨。

・容易取得

・視覺上容易看懂

・在色彩心理學上能夠促進高品質思考整理的顏色

我是基於上述理由推薦這三種顏色的筆，不過總之請你以手邊能立即取得使用的組合作為優先。

在此希望你回想序章的內容來瞭解，比起「超譯書」，本書更應該稱為「超實踐書」。還請參照你在學生時代接觸參考書或解答問題集的印象，一邊多多動手操作，一邊繼續往下閱讀。

準備好了嗎？

那麼，接下來就要開始事前準備了。

首先，如果是手邊有A4影印紙的讀者，還請先將它摺半。摺半之後就會變成A5尺寸了，請將長邊橫放在自己面前。

接著，請試著用綠色簽字筆畫出一條左右置中的直線，再畫出一條上下置中的橫線，總共畫出四個格子。

然後在每一格中，以如前述的步驟畫出一條條左右置中的直線，和一條條上下置中的橫線。到這裡應該總共會畫出十六格（第三十九頁圖❶）。

實際上大多數情況下還要再畫四條橫線，總共使用三十二格；不過這次先用十六格就好。

完成之後，請在最左上角的格子中寫下「今天的日期」與「主題」。日期是閱讀本書的日子，主題請寫上「身體的狀態如何？」。到這邊為止，綠色簽字筆的部分就完成了。

以下會將這張紙稱為「工作表1」。因為就像是微軟公司的Excel應用軟體中的畫面般，在紙上畫上空格，並活用手寫的方式使用，故使用這個名稱。

以「工作表1」為首，我所提倡的「1 Sheet Frame Works」商業技巧，即「紙一張」的整理技術，還分成好幾個種類。不過，本書只要使用「工作表1」就能實踐所有的內容。這是一個相當簡單的手法，還請反覆書寫，一口氣掌握這個技巧吧。

那麼，為什麼要準備有這種格子的「紙一張」呢？要說的話原因很多，我簡單歸納出三項主要理由。

①用綠色簽字筆在橫放的紙張上，從上下左右畫出線來構成16個方格

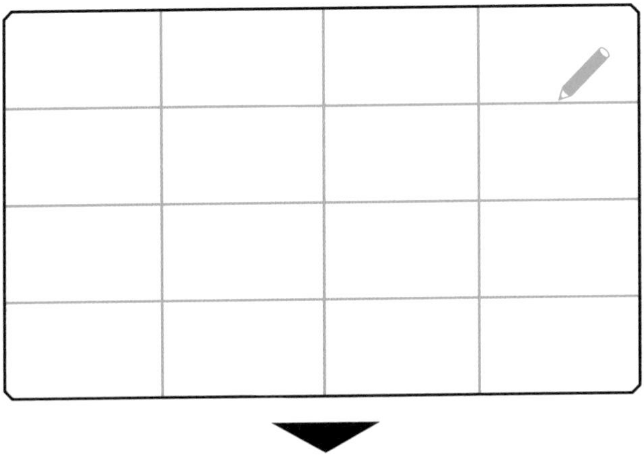

②用綠色簽字筆在最左上方的空格中寫上「今天的日期」和「主題」。

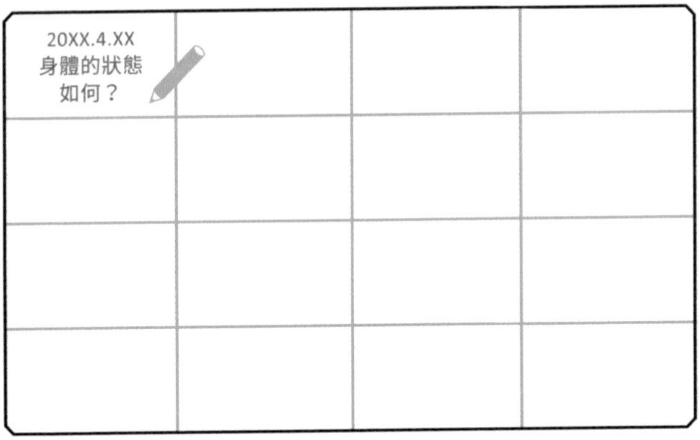

圖❶　「工作表1」的製作方法①——綠色簽字筆

第一個理由是因為，和大多數人常寫的條列式筆記，或是和有許多商管書愛好者喜歡、在放射線上自由書寫的做法相比，框格具有「好填寫＝容易找出關鍵字」的優點。

再者，雖然這是件不去實際體驗就無法得知的事，但和其他做法相比，這種方式比較容易看出關鍵字之間的關聯性，也就是易於思考整理。這是第二個理由。

最後的第三個理由，是基於前面兩個理由，這種方式比起其他做法更能夠在短時間內進行思考整理。因為這是種商業技巧，所以能否在短時間內完成，是非常重要的因素。

本書並不是以解說「工作表１」的背景和結構為主要目的的書籍，只要瞭解此處所說明的書寫方式，以本書的架構而言就很足夠了。

接著請你以「先做看看再說」的態度，先「坦率地」嘗試一下這個做法。如果能多寫個幾次的話，就能親身體會前面的三個理由了。如此一來，你可能會不想再使用過去的思考整理法或筆記方法也說不定。

接下來就以「身體的狀態如何？」的作業繼續說明下去。

在這邊請換成藍色簽字筆。現在開始請花三分鐘左右的時間，用藍筆在空格中填入自己對「身體狀態」的感覺以及在意的事（第四十二頁圖❷）。

「腰很痛」、「左手中指的指甲裂了」、「頭髮長長了」等，不管是多麼微不足道的小事都沒關係。還請填寫進格子中能寫得下的關鍵詞或短句（最長不超過二行）。這裡的目的並不是將十五個空格全都填完，只要填好一半以上就很足夠了，請在三分鐘內輕鬆地試著寫看看。

此外，因為你往後還會寫出很多的「工作表1」，基本上並不需要「全部都填完」，而是請以「時間限制」為優先。

（花約三分鐘填寫後繼續閱讀）

你順利寫好了嗎？這是一個極為簡單的流程，綠筆和藍筆的部分到此就結束了。關於剩下的最後一個顏色，也就是紅筆的流程，我們會在後面繼續下去，在此先暫且中斷一下作業。

用藍筆在空格中填進你對「主題」的感受

20XX.4.XX 身體的狀態 如何？	時常會頭痛	流鼻水	有蛀牙
肩膀僵硬	睡得很好	一整天都坐著	駝背
眼睛很癢	喉嚨痛	腸胃順暢	
頭髮長長了	感覺快感冒了	比以前胖	

圖❷ 「工作表1」的製作方法②——藍筆

事前準備作業②

回顧你每天的工作

接著，請以相同方法再寫一張「工作表1」。如果你剛才是將A4的影印紙摺對半使用的話，現在應該正好還有另外半張，請直接使用。

首先，以跟前面相同的方式畫出「工作表1」。框格數只要十六格就可以。日期應該也會跟剛才一樣，不過這次請把主題換成「今天發生的事」或是「昨天發生的事」（第四十四頁圖❸）。

如果你閱讀本頁的時間點是傍晚之後，請寫「今天發生的事」；如果是除此之外的時段，請寫「昨天發生的事」，這樣應該比較好寫。

另外，如果是「昨天正好休假」的讀者，寫「上週發生的事」也無妨。總之，還請回顧一下自己最近在工作上的表現，不管是做過的事、發生的事，或是遇到的人等等，還請寫出你腦海中浮現的關鍵詞。

「結束一個專案」、「被上司訓斥了」、「常常加班」等等，事情的大小或輕重緩急落差很大也沒關係。就跟前面做過的一樣，請填寫進關鍵詞或短句吧。

（花約三分鐘填寫後繼續閱讀）

寫好了嗎？這個「紙一張」在後面也會用到。

結束事前準備作業後，終於可以進入名言解說的部分了。

20XX.4.XX 昨天發生的事	新專案的會議	企畫書製作· 提案	回覆各種信件
加班到21點	準備不足而被 上司訓斥了	出席例行性 會議	確定今後 的任務
提出企畫的 點子	和廠商共進 午餐	寫感謝信	
重新安排進度 落後的工作	協助同事的 工作	處理客訴	

圖❸　「事前準備作業②」的填寫範例

「不被困難所困擾」代表什麼意思呢？

言歸正傳，在第一章所介紹的名言是

「不被困難所困擾。」

就如同本章一開始所寫的，就算當下搞不懂這句話是什麼意思，也完全沒關係。請從現在開始試著體會松下幸之助的世界觀。

首先，我們先來看看這句名言的前後文：

世間很廣闊，人生很長。在這樣的世間、這樣的人生中，會遇到各式各樣困難、不容易、痛苦和艱辛的事。差別只在於每個人遇到的程度不同，並不是只有自己才會遇到。

在這種時候該怎麼思考，又該怎麼處理呢？可以說光憑這點，就決定了一個人的幸或不幸、能飛躍向前或後退。遇到困難時，如果想著怎麼辦、不管做什麼都沒用的話，內心也會馬上變得狹隘，難得顯現的智慧也會變得無法顯現。就連之前輕輕鬆鬆就能想到的事，也會變得愈來愈難想得到。若將原因和責任全都歸咎於他人，不滿會使你的內心變得黯淡，忿忿不平則會使你的身體蒙受傷害。

只要斷然行動的話，據說就連鬼神都會退讓三分。別把困難當成困難，革新想法、堅定決心向前走，困難反而會變成你飛躍向前的墊腳石。關鍵在於你的思考方式，以及決心。不要被困難所困擾。

所謂人類的心，就像是孫悟空的如意棒，完全可以伸縮自如。正是在愈困難的時候，愈要用自在的心踏上能開拓自己夢想的強大之道。

《路是無限寬廣》

「不被困難所困擾」是在松下幸之助最暢銷的《路是無限寬廣》等著作中登場的名言。

如果你之後也想成為能夠實踐偉人名言的人，那一開始最該做的就是掌握這句話的涵義。

不過，雖然我已經引用了代表作中的一小段文章，但即使有了前後文，應該還是有很多人沒有被打動吧……。

在此，就將這句話超譯得更簡單看看。

這句名言簡單來說就是：

「不管做什麼事都要正面・聚焦」

不管面臨什麼不合理或荒謬的情況，都要常保積極的心態。這也是實踐後面介紹到的其他名言的基礎。正因如此，我一開始就選了這句話。

然而，雖然有很多人發願要成為像松下幸之助一樣的人，也讀了不少相關著作，但似乎常在「正面．聚焦」這個地方就被絆住了。

只要是人，不管誰都能「正面．聚焦」嗎!?

接著，就讓我繼續闡明會這樣寫的理由吧。

還請看看之前各位以「身體的狀態如何？」為主題，所寫下的「工作表1」。這次要使用的不是藍筆，而是紅筆。接下來我要問你一個問題，還請將符合的關鍵詞用紅筆圈起來。

「在你寫出的身體狀態清單之中，有哪些是負面的內容呢？」

假如你寫了「右眼看不太清楚」的話，因為這是負面內容，就請用紅筆圈起來。另一方面，如果你寫了「左眼看得比較清楚」的話，因為這是正面的內容，就不需要圈起來。

你應該已經知道該怎麼做了吧？那麼，就請花一分鐘左右結束這個紅筆流程，然後再繼續閱讀本文。

（請花一分鐘左右圈選，然後繼續閱讀）

那麼，結果如何呢？

恐怕大半的讀者都圈起超過一半的內容吧。甚至有人會用紅筆圈出全部的關鍵字……。

事實上，我在我主持的工作坊中請參與者進行相同作業時，大家都會因此而驚愕不已。

透過這個「工作表1」，我希望你親身感受到的是：

不管是什麼人，對於自己的身體都是「負面・聚焦」。

用紅筆將符合條件的內容圈起來

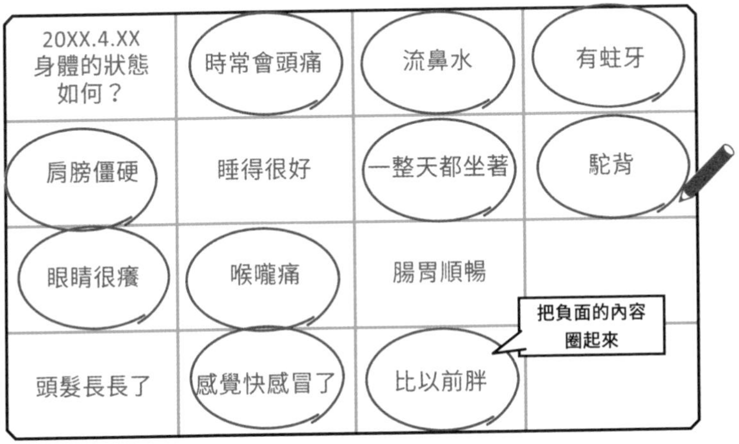

圖❹　「工作表1」的製作方法③——紅筆

「有沒有什麼不好的地方呢？」

「如果有不好的地方，一定要儘早處理才行。」

「覺得不要緊只是錯覺，一定還有什麼不好的地方才對。」

人類具備防衛的本能，所以，你的認知功能絕對會用負面的方式確認身體狀況。簡直可以說大家都是「負面．聚焦」的專家。

當然，這是維持生命很重要的習慣。然而，如果幾乎是不自覺地用這樣的傾向來生活，就會在不知不覺中將「負面．聚焦」散播開來。

對於身體認知之外的思考，如果也

預設為「負面．聚焦」的話，極端而言，甚至還會讓「自己的性格、人格」就此定型。

最後，就連在工作上也會習慣做出像下面這種解釋。

「為什麼那傢伙總是一直犯這種錯誤？」
↓但是實際上一年也才犯那幾次錯而已。
「為什麼那間公司的態度那麼差？」
↓但那是已經下了十次以上訂單，每次都很滿意的合作廠商。
「為什麼只比目標臺數多了三臺而已？」
↓但是其他人幾乎都沒有達成目標。

順帶一提，每次帶企業內訓的時候，不管我在團體工作坊出了多麼簡單的題目，都會有人一開始就說：「這好難喔……。」這是因為已經過於習慣「負面．聚焦」，而將其變成口頭禪的等級了。這跟工作坊的難易度一點關係也沒有，只不過是習慣做出「好難」的回應而已。

要用這種精神狀態實踐「不被困難所困擾」，一開始就不可能吧。遇到困難的時候就只會去居酒屋喝酒抱怨，工作上絲毫無法有進展。

雖說如此，但如果將其視為身體防衛功能的延伸，那也是有無可奈何之處。但首先請透過前述作業瞭解到：「人類如果毫無自覺，在不知不覺間就會落入負面．聚焦的陷阱之中」。

然後，除了你自己，對於你身邊習慣聚焦於負面的人們也能表現出理解的態度。

給常把「要有意識」掛在嘴邊的你

到這邊為止，我們已經搞清楚了要實踐「不被困難所困擾」時，什麼會是大多數人感到困擾的理由。

那麼，到底要怎麼做才能把自己負面．聚焦的毛病轉換成「正面．聚焦」呢？

關鍵就在於「培養思考的習慣」。

拿這個主題來說，如果能在自己腦袋裡建立起「專注於正面事物的思考迴路」，那就沒問題了。

這個做法非常簡單，就是：

「持續意識到這件事，直到養成習慣為止」。

然後，你可能就會想：

「那麼，從明天開始就徹底地只去意識正面的事物吧！」

在這裡，商管書、心理勵志書和實用書裡大家所熟悉的句子就會登場了。

不，不只書籍，一般工作時也有這麼一個常會出現的句子，那就是「要有意識」。舉例而言：

「在工作中最重要的，就是要時常意識到客戶第一。」

「在工作中最重要的，就是要時常意識到優先順序。」

「在工作中最重要的，就是要時常抱持當事者的意識來工作。」

你應該也常在閱讀或工作的時候，看過聽過這樣的句子出現無數次吧。在這種時候，你可能會很自然地這樣想：

「所謂的意識到，具體而言是要做什麼才叫做有意識到呢？」

可惜的是，大多數商管書都沒有對此給出解答，只是把「如何去意識」這個問題拋給讀者，要怎麼實踐也是看讀者自己高興。

讀者在閱讀時也幾乎完全不會去吐槽這件事，因此似乎也不會有人想到「光憑這樣是沒辦法實踐的」（就像序章中提出的質疑一樣，因為並不是抱著「行動第一」的態度去閱讀，所以就會演變成這樣）。

要說我為什麼會意識到這樣的問題，這是因為我從二十多歲開始就不停在吐槽這種事情的緣故。

老實說，一旦以這種角度去看，就會覺得商管書、心理勵志書和實用書中，十有八九是「就算好懂也很難實踐」，或是「讀起來很輕鬆，要派上用場很難」的內容。

因為就連暢銷書榜裡面也盡是這種書，所以我也就愈來愈常提出質疑：「拜託各位作者大人們，寫些讓人更能夠付諸行動的書吧！」最後就只好自己跳出來寫商管書了。

雖然有點偏離話題了，不過「有意識到養成習慣為止」，對大半的人來說只會變成毫無意義的訊息而已。希望各位能注意到這件事。

因此，如果你從現在開始也抱持著「行動第一」的態度來讀書的話，應該也會對這種難以實踐的書籍給出嚴厲的評論吧。這樣應該就能間接提升商管書、心理勵志書和實用書的品質了。

因為光靠精神勝利法無法解決，所以才有必要將其轉換成能以行動累積的層級。這個潛在的問題說穿了會覺得理所當然，但平常卻是很容易成為盲點，如果我的提醒能促使你留意，那會是我的榮幸。

「正面・聚焦」的實踐①

試著挑出正面積極的內容

有了前述問題意識為基礎後，在此登場的處方箋，正是事前準備作業中請你做過的「試著寫出紙一張」這個行為。

事實上，前面介紹過的「工作表1」這個「紙一張」寫法，雖然只是個任何人都能付諸行動的簡單動作，但卻足以構成所有的步驟。

即使是以將「正面・聚焦」深植自己心中為目的，也沒有不活用這個方法的道理。

那麼，我們就趕快來介紹具體的做法吧。

首先，請看看在事前準備作業②（第四十四頁）中請你寫下的、以「昨天發生的事（今天發生的事）」為題的「工作表1」，然後拿出紅筆，圈出符合接下來問題的選項。

這個問題就是：

「昨天發生的事情中，有哪些是正面積極的內容呢？」

即使判斷標準很主觀也無妨，請迅速圈出符合的選項。請開始吧。

（請花一分鐘左右圈選，然後繼續閱讀）

結果如何呢？雖然理所當然因人而異，但應該有很多人都只有負面的內容，一個圈都無法圈出來吧。

首先，請「坦率地」接受這就是自己的現狀。在這之中，或許也有人會因為沒能圈出任何一個選項而消極看待結果本身，並為此感到沮喪也說不定。

不過，在這裡並沒有過度沮喪的必要。為了這樣的讀者，我接下來還想追加介紹松下幸之助的三則名言。

如果你能夠細細體會這些名言，對於「不被困難所困擾」的「正面．聚焦」的

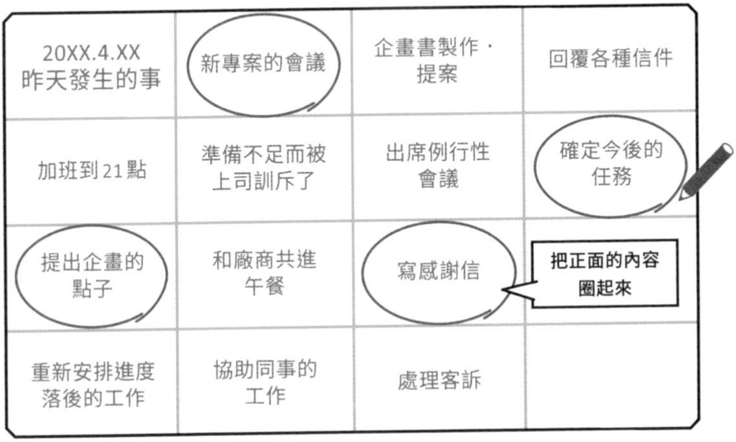

20XX.4.XX 昨天發生的事	新專案的會議	企畫書製作·提案	回覆各種信件
加班到21點	準備不足而被上司訓斥了	出席例行性會議	確定今後的任務
提出企畫的點子	和廠商共進午餐	寫感謝信	把正面的內容圈起來
重新安排進度落後的工作	協助同事的工作	處理客訴	

圖❺　昨天發生的事情中，有哪些是正面的事呢？

看法，應該就能有更深一層的理解了。

「正面・聚焦」的實踐②

試著接觸松下幸之助的名言

首先是「不景氣更好」這句名言。

所謂的社會，就是人類一起建立起來的東西；所以不管景氣、不景氣，全都是人為現象，並不是自然現象。因此所謂景氣好、景氣差，原本都是從不可能的東西變成的；但即使如此，現實中不景氣的事還是會發生。對於從事商業的人來說，這是十分嚴重的事，也會讓人很擔心。

然而，我認為不景氣時還是有不景氣時的對應之道。例如，「不景氣更好，正因為不景氣才有樂趣」這樣的想法，從某方面看來大概是不可行的吧。因為「社會不景氣，所以我的店變得不景氣也沒辦法」而放棄，或是被「這件事太困難」而左右的話，你的店就會變得像你所想的一樣了喔。不過，如果想著「正因為不景氣才有趣，正是這種時候才能展現自己的實力」，而在商業上進一步努力的話，我想你就會發現，在這之中還有很多發展與興盛之道。

例如，去年因為太忙而被放在一邊的售後服務，在這種時候就徹底實行吧；積極嘗試整頓店裡吧；排除掉所謂過於天真的經營方式，思考各式各樣的對策吧。這不該仰賴他人的力量，而是該憑藉自己積蓄至今的力量，一項項地穩步實行。如此一來，就算一步一步踏出的步伐很緩慢，因為其他的店家都因不景氣而停滯不前，所以其實已經算是有相當的進展了。

試著這樣思考，就會發現正是因為不景氣，才有可能造就出千載難逢的發展良機。

《生意心得帖》

這篇文章中沒有特別困難的表現，應該能夠很順暢地理解吧。為了預防萬一，讓各位更有親近感，我就再補充一點自己的經驗談。

我是所謂的「就業冰河期世代」，也曾有過一直找不到工作，因而感嘆懷才不遇的時期。這正是不景氣造成的「負面・聚焦」狀態。

即使如此，我並沒有因此就消沉度日。被多少間公司拒絕，就每次都自己再奮力站起來。

從求職信的寫法到面試的應對方法，到以此為前提的自我分析，我徹底地學習、思考，持續地累積經驗值。

雖然非常辛苦，但是每每回顧，都覺得這稱得上是讓自己在短時間內能夠突飛猛進的寶貴機會。

正因為不景氣讓就業戰場變得很嚴苛，我才能不斷地持續醞釀以必死決心讓自己成長的動機。真的可以說是「不景氣更好」對吧。

接著，延續「對於景氣的看法」，接下來要介紹的是關於「對於社會的看法」的名言——「社會大眾如同神明般正確」這句話。

我認為社會基本上就如同神明般正確，並以此作為我經營上一貫的思考立場。

當然，如果以個別的人來看的話，因為有各式各樣的人存在，這樣的想法和判斷並不能說是完全正確。另外，隨著所謂的時勢，也會有輿論一時往錯誤方向發展的時候。然而，就算有像這樣的個別情況，或是一時就會過去的事，以整體而言，以長遠的眼光看來，所謂的社會大眾都會做出如同神明般正確的判斷。我是這麼想的。

因此，當我們的經營方式有所偏差的時候，便會受到社會的責難或排斥。反之，如果經營方式正確，就會受到社會接納。

這樣想的話，就會獲得一種很大的安全感。

（中略）

社會對於正確的事就會給予正確的認可，因此若我們去思考「什麼才是正確的事」，並在經營上持續累積努力，這件事必定就能受到社會接納。因此，我們要信賴這個社會，不要迷惘，去成就應該成就的事就好。沒有什麼比這點更能讓人強烈地安心了。這可以說是，如同走在一條坦蕩蕩的大道上。

《實踐經營哲學》

和松下幸之助留下這句名言的時代不同，現代是個網路社會，經常會有網路酸民一面倒地攻擊或過度毀謗中傷，以及很快針對一件新聞發展成兩種極端評價等等的狀況，要認為「社會對於正確的事就會給予正確的認可」，或許可說是空前地困難。

但即使如此，看到最後的「沒有什麼比這點更能讓人強烈地安心了」這句話，應該就會覺得，果然還是要以「相信社會」為前提，才能夠產生出邁向明日的活力吧。

反之，讓我們試著選擇「無法信賴這個社會」的態度來看看吧。不管是搭電車通勤、在職場上工作，或是週末出門去某個觀光地區的時候，對於周遭都會開始變得疑神疑鬼。

這樣會招致焦躁，也會累積壓力。畢竟「完全無法信任周遭」的心理狀態，有很高的可能性會陷入厭世之中。這樣的話，無法創造出多幸福的生活。在這只會被剝削去生存力量的窒悶人世間中……。

果然，以「無法信賴這個社會」作為前提這件事，還是停止比較好。

確實有很多會讓人變得絕望的新聞。愈是在這種時候，愈要請你反覆閱讀松下幸之助的格言。然後，希望你能調整成「正面．聚焦」的心態，讓自己在這充滿雜音的社會中，也能接收到充滿希望的話題。

最後的第三則，是一句讓我在二十多歲讀到時大為震驚的話。因為文章很容易閱讀，在此稍微引用長一點的段落：

我覺得我是一個運氣很好的人。

在進電燈公司之前，我曾經在水泥公司當過一陣子臨時工，做些推水泥車或是搬水泥袋之類的工作。

工作的時候需要從港口搭船通勤到填海地。有一次，我剛在船邊坐下，經過我旁邊的船員就不小心失足落海了。因為當時船員伸手抓住我，所以我也就一起掉進海裡。雖然我幾乎不會游泳，但姑且還會在水上漂浮。往下沉了兩三公尺後，我一浮上水面，就發現船已經開得很遠了。在我拚死拚活地揮動手腳之後，船終於開了回來，兩三分鐘後我就被拉上去了。還好那時是夏天，如果是冬天的話我應該已經死了吧。

之後我自己創業，在剛開始做生意的時候，常常需要把產品堆在腳踏車上四處配送。有天，突然從十字路口衝出一輛汽車，把我連同腳踏車一起撞飛。我飛出去之後正好摔到電車軌道上。堆著的貨物四處飛散，腳踏車也被撞得七零八落。雖然電車朝我駛來，但卻在離我兩公尺處停了下來。我想著

「被害慘了」，不久之後站起身一看，竟然連一點擦傷也沒有，簡直不可思議。明明就被撞成這樣卻沒事，連我自己都無法置信。

很不可思議吧。所以不管是在落海時被救起，或是發生交通事故的時候，我都覺得「自己真的運氣很好」。既然運氣這麼好，在處理事情上應該也能做得到某種程度吧。我不經意地這樣想。也就是說，即使在工作途中會遇到各式各樣的難題，因為我運氣很好，所以無論如何都一定能克服吧。我開始抱持這樣的信念。這也是因為我並不覺得落海或被車撞是倒楣的事，反而是覺得自己運氣很好的緣故吧。

《人生談義》

這應該是到目前為止最口語化，而且最具體的一段文章了，應該讓人覺得十分有畫面。

所以，我在此就不多作補充了，僅加上少許的解說。松下幸之助在聘用員工的時候，會看重運氣的好壞。例如，在缺額只有一名、候選者有兩名時，如果甲乙兩方不相上下，據說他會選擇感覺起來運氣比較好的那個人。在閱讀《人事萬花筒》（現名《事業取決於人》）一書的時候，我看到了這個故事。

雖然我不知道這是不是把松下幸之助的故事加油添醋過，但我曾經在為了換工作去應徵某間IT企業的時候，在面試時實際被問過一樣的話。

真的不管發生什麼事，都能像松下幸之助那樣用正面積極的態度去解釋嗎？這最終要取決於你有多確信「自己是個運氣很好的人」。

所謂的「正面・聚焦」，從確保好人才的人事層面看來，也是十分重要的觀點。

閱讀至此後，你有什麼樣的感受呢？

「不景氣也OK」、「社會也OK」、「發生事故也OK」。你應該終於能充分感受到松下幸之助的「正面・聚焦」了吧。透過實例，應該也讓你更能想像。

「正面・聚焦」的實踐③

嘗試改用積極的看法面對

那麼，就請你維持現在的讀後感，進入最後一個步驟吧。方法很簡單。請再次拿出剛才請你試著圈選的「昨天發生的事（今天發生的事）」的「工作表1」。然後，面對接下來這個問題。

「在沒有被紅筆圈起來的選項中，有哪個是能藉由改變解釋的方式，改成正面內容的嗎？」

即使只有一兩個也沒關係。

再次留出約三分鐘的時間，圈出符合的選項。正因為你剛閱讀完松下幸之助的文章，一定能找到全新的解釋以及看法。

那麼，請試試看吧。

（請花三分鐘左右圈選，然後繼續閱讀）

結果如何呢？

如果你有多加上任何一個圈，就代表你已經親自實踐了「正面．聚焦」的思考迴路，而且是能夠以看得到的形式去實踐和確認的。

另一方面，如果你沒有加上任何新的圈，也請放心。

「無論如何，再寫一張看看吧。」

「試著採取正面的看法吧。」

「就算今天做不到，也能累積讓自己明天過後做得到的經驗。」

只要有這樣的感想就沒問題了。

如此一來，隔天也能輕鬆地繼續挑戰了吧。不過，這樣的想法本身當然也是「正面．聚焦」就是了。「即使你這麼說也沒那麼簡單」，或許也有人會感到抗拒。

如果你覺得「這已經是我正面．聚焦的極限了！」，還請務必將前面的松下幸之助名言反覆地「唸出來」。

① 從圖❺所未圈選的選項中……

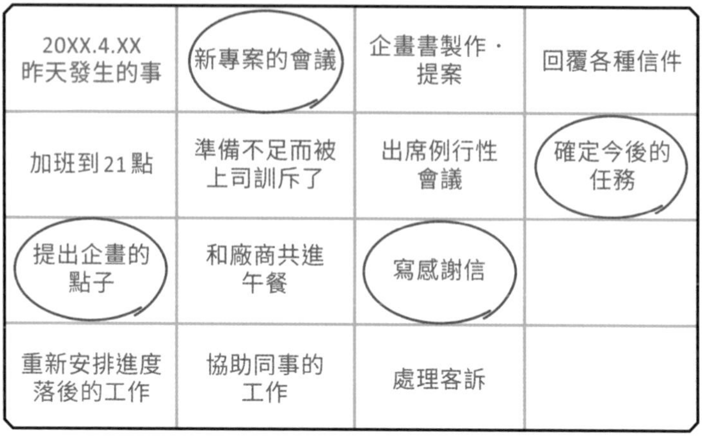

② 將好像能夠「轉換觀點」、以正面看待的選項圈起來

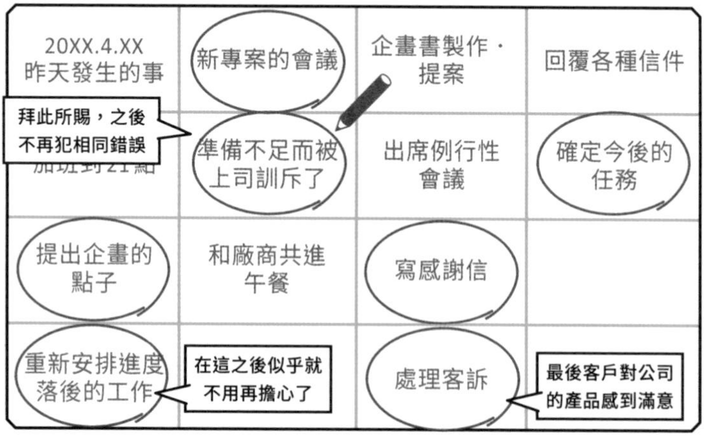

圖❻　有哪些選項是可以改成正面看待的呢？

如果能夠唸出聲，就能更加提高臨場感。彷彿自己就是松下幸之助本人，或是被松下幸之助附身一樣，還請試著反覆唸出前面介紹過的名言。

如果你對於唸出來很抗拒，那在閱讀完本書一陣子過後，再多去讀幾本松下幸之助的著作也沒關係（後記中會介紹數本）。

如此一來，應該就能慢慢增加能夠圈起來的選項了吧。

「正面．聚焦」的實踐總結

養成習慣的三個訣竅

那麼，在此就把前面講過的內容，再次以三個步驟的形式來總結。

STEP1：寫下以「昨天發生的事」為主題的「工作表1」（花三分鐘左右）。

寫好之後，問問自己「昨天發生的事情中，有哪個是正面的內容呢？」，並將符合的選項用紅筆圈起來（花一分鐘左右）。

STEP 2：重讀一次前面出現過的松下幸之助名言。
（迅速地稍作回顧、熟讀、唸出來等，讀法請隨意。）

STEP 3：再問一次相同問題，如果有能以正面看待的選項，就用紅筆追加圈起來。最後，以達到全都圈起來的程度為目標。

雖然每個人的狀況不同，很難說要花多久才有效，但如果你願意寫看看，那麼還請持續嘗試三週到一個半月。這麼做，就能提升到「幾乎全都能圈起來」的程度。

你過去應該也曾經因為「想變得能夠正面思考」，因此閱讀相關書籍吧。

如果，你有「讀完之後還是一樣只會負面思考」的經驗，還請務必嘗試這個方法。大多數試過的人都能感受到實際變化，是一種可重現性很高的做法。

最後，我想補充三點來為本章作結。

首先，如果你想維持這個習慣三十天的話，這裡有個小技巧可以讓你順利完成三十天的挑戰，那就是先寫好三十張份的「工作表1」（只有綠線空格）。一開始就讓自己處於「接著只要填寫就好」的狀態，正是訣竅所在。

實際上，有很多聽講者都表示：「拜此所賜，我才能夠持續下去。」如果是對自己的持續力沒有自信的讀者，還請務必嘗試。

接著，雖然這次是介紹4×4的十六個空格作為書寫範例，但這個數字並不是絕對的。「從來都沒寫到十五個」的人，使用一半的八個空格也可以。

相反地，再畫上四條橫線，讓空格變成三十二個也可以（第二章之後會頻繁使用有三十二格的「工作表1」）。

因為這麼做的目的在於能夠建立起正面．聚焦的心態，所以實踐方法還請以持續的容易度為優先，有彈性地變化。

最後第三點的補充稍微長一點。每當我介紹這個「只要寫下紙一張」的簡單有力方法，都會有一定人數的聽講者反應：「如果用這麼簡單的方法就能變成正面思考的人，還需要那麼辛苦嗎？」

會抱持這種負面想法的人，我才更要拜託你務必試試我所提倡的「『紙一張』正面思考深植法」。

為此我想先確認的是，會抱持這種想法的人是否都有「某個共通點」。具體而言，像是完全不知道什麼叫做序章中介紹過的態度③，也就是「行動第一」的閱讀法。

最後一張工作表也沒寫、什麼都沒實踐也沒關係，但為什麼能做出「這不可行」的結論呢？

正確來說，因為根本沒做過，原本就「無從判斷」吧。我希望這樣的讀者能注意一下如何閱讀以「行動第一」為基礎的書籍。

另一方面，也有人能夠「坦率地」接受書上的方法、正面進行解釋，默默地從能做到的事開始實行。這樣重複累積到最後，一定能夠確實享受書中所說的益處，成功解決自身的課題或實現願望。

能藉由閱讀改變人生的人，都有這個共通點。

包含本書在內，我已經寫了第四本書了。我非常希望能為讀者做出貢獻，即使再多一個人都好。

請在這三個前提下，敞開心胸寫一張就好，還請實際動手寫寫看。

在第二章我們將會加快腳步，寫出許多的「工作表1」。

請準備好七張以上的A4影印紙，或是有很多空白頁的筆記本，然後進入下一章吧。

第2章

革新自己的工作方式

「改革工作方式」這個口號已經喊了許久，
但到底要以什麼為目標來改革比較好呢？

如果能知道松下幸之助經過大量思考後
所得出的工作觀，
就能看見我們該往哪個目的地走了。

不過，光只是「看見」、「知道」是沒有意義的。
在此將用「紙一張」的方法，展示如何搭起通往實
踐的橋梁。

人類的共同生活是
一種無限的成長發展

事前準備作業

工作的目的：我們為何工作？

在第一章，我們介紹了作為接下來基礎的調整心態的方法。從第二章開始，則要講講如何將其活用在實際工作中。

具體而言，第二章會以如何改善個人的工作方法為主題；接下來的第三章，則會將重點放在如何提升跟「周遭」相關的工作方法。

那麼，在松下幸之助的名言中，如果要挑出與此觀點相關、最重要的一個關鍵詞，那就是：

成長發展

不過，光從字面上去解讀，會覺得「成長發展」一詞十分抽象。

第一章提到的「不被困難所困擾」很像禪修的問答，與之相比，這個詞彙難解的地方又有所不同。

為了讓你更容易掌握其具體概念，這次也用先寫出「工作表1」作為事前準備作業吧。

和第一章相同，就算你現在無法理解「成長發展」的意思也沒關係。不知道的話，學習效果反而更高。還請放心，就這樣繼續閱讀下去。

這次「工作表1」的主題是：「為什麼要工作？」

時間約三分鐘，請用十六格來寫；如果寫不了那麼多，用八格也沒關係。

要注意的一點是：請不要過於認真尋找正確解答。這個主題並不能說是在探討對錯。

無論如何請以「坦率的」心情，輕鬆用藍筆寫下你想到工作的理由時，腦海中會浮現的詞彙。那麼，請試試看吧。

（請花三分鐘左右寫完，然後繼續閱讀）

20XX.4.XX 為什麼 要工作？	想在嚴苛的環境中競爭	想獲得成就感	想用公司的錢做各種事
為了錢	為了拓展人生	想對社會有貢獻	想變得跟主管一樣
喜歡挑戰	為了成長	因為大家都在工作	
因為現在的工作很適合我	為了不變成沒用的人	想與他人有所聯繫	

圖❼　你工作的理由是？

用藍筆寫完之後，接著換成紅筆。

請以「對自己來說，特別重要的理由是什麼？」作為問題，圈出符合的選項。判斷標準很個人、很主觀也沒關係。

請將你認為重要的選項，篩選至頂多三個。

（請花一分鐘左右圈選，然後繼續閱讀）

這個過程是請你正視自己工作的理由。試著寫下來之後，或許已經有人注意到了什麼也說不定。就算沒注意到，透過這些詞彙，應該也會立刻浮現出以下疑問吧？

20XX.4.XX 為什麼要工作？	想在嚴苛的環境中競爭	想獲得成就感	想用公司的錢做各種事
為了錢	為了拓展人生	想對社會有貢獻	想變得跟主管一樣
喜歡挑戰	為了成長	因為大家都在工作	
因為現在的工作很適合我	為了不變成沒用的人	想與他人有所聯繫	

圖❽　對你來說特別重要的理由是？

「如果是松下幸之助的話，會怎麼回答這個問題呢？」

正是為了喚起這樣的問題意識，才會請你進行這次的事前準備作業。另外，藉由事先釐清自己的工作觀，在接觸松下幸之助的工作觀時就能用來比較，並進行更深入的思考。

松下幸之助的工作觀是什麼？

那麼，我們就迅速來解答這個疑問吧。不過，接下來要介紹的松下幸之助的答案，是從相當廣闊的視野所得出的看法。

這是他以經過數十年思索後所得出的世界觀、人生觀為基礎，進而導出的工作觀。

「為什麼要工作？不就是為了生存下去之類的嗎？」

只能寫出這種等級理由的人，看了他的說法應該會大吃一驚吧。

不過，因為接下來要慢慢進入具體實踐的內容，還請不要慌張地繼續讀下去。

首先要介紹的是松下幸之助工作觀的基礎，也就是他的世界觀。也就是這個建構起一切事物原理和原則的關鍵詞：

成長發展

關於本章一開始介紹的這個詞彙，還請試著閱讀以下文章：

> 所謂正確的經營理念，並不單純只是經營者個人的主觀看法，作為其根基的一定是自然的法則以及社會的法則。那麼，所謂自然的法則和社會的法則，到底是什麼？
>
> 這是極為廣大、深遠，單憑人類智慧很難探究到底的東西吧。不過，硬

要說的話，我認為構成其基礎的是一種無限的成長發展。

這個大自然、大宇宙，會經過無限的過去和無限的未來，持續不斷地成長發展下去；我認為在此之中，人類社會和人類的共同生活也會在物質和精神兩方面無限地發展下去。

這種成長發展的法則，會在這個宇宙、這個社會中持續運作。我們便是在此之中經營我們的事業。考量這點的話，我們應該以此作為基礎，發展出自己的經營理念。

例如，時常有人提到資源枯竭。甚至有人極端地認為，再過幾十年可能就會變得無資源可用，人類也會無法繼續生存下去。

然而，我基本上不會這樣想。確實，個別的資源看起來是有限的，有一些資源是在持續使用之後就會用完。但是，我覺得人類的智慧必定會催生出或是找出其他可替代的東西。在人類過去的歷史中，這樣的事情一直在發生。跟從前相比，就算現在的人口已經遠遠增加，以前人口少的時候的生活一直都是相對貧困的；在現代，即使是一般庶民，從某個方面而言，已經是過著古代王公貴族都比不上的生活。

可以得到如此成果，是因為大自然一直在變化，人類也一直在打造新事物。換句話說，就是因為一直以來，自然的法則和社會的法則都嚴格遵從「無限的成長發展」持續運作的緣故。

（中略）

人類的共同生活，以及包含人類生活的大自然、大宇宙是會不間斷成長發展下去的，我們正是在這個原則中經營事業活動，這個基本認知不管在什麼場合都極為重要。正是以這樣明確的認知為根基，才能擁有在任何場合中都能真正展開強而有力的經營的可能性。

《實踐經營哲學》

簡單來說，一切事物都是「無常」，都是會持續不斷變化。

所以，就算部分事物會有幸與不幸、順利與不順利的正反兩面，如果以宏觀角度來看，全都是成長與發展的一部分。這種變化是恆常。

這次引用的松下幸之助語錄，前後文看起來是在說他是如何決定經營理念的，不過在其他主題上，同樣的想法也能成立。

透過這次的名言，我想最先告訴你的一點就是：

決定自己的思考、選擇與行動時，不要反自然之道而行

雖然松下幸之助是為了「真正展開強而有力的經營」而說出這些話，但這個世界觀也適用在個人工作上。

那麼，以「自然之道」為大方向出發時，到底會有什麼樣的工作觀、什麼樣的工作理由呢？

「坦率地」思考的話，應該能夠得出這樣的結果吧——

「為了對成長發展有所貢獻」而工作

要問「是誰的成長發展」？那就是你眼前的客戶、公司、業界、地區，甚至是為了整個世界，範圍可以無限地擴展出去。

到底什麼是「成長發展」？

在松下幸之助說過的話中，我們接下來會引用符合「為了對某人的成長發展有貢獻」定義的三篇文章。

首先要介紹的是，符合「從客戶角度來看的成長發展」的文章。

以經驗而言，應該不管是誰都知道，家電產品推出市場後，通常價格就會慢慢下降。

那麼，在產品一推出市場馬上就用高價買下的人，應該就是吃虧了吧？反過來說，過一陣子才用比較便宜的價格購買的人，應該就可以說是賺到了吧？

如果是你的話，會怎麼說明這個問題呢？

跟剛才的文章相比，這個內容一下子來到貼近我們日常生活的等級。如果要問這跟「成長發展」這個關鍵詞有什麼關係，還請試著閱讀下面這篇文章：

雖然不管什麼商品應該都是如此，不過特別是在會來購買家電用品的客人之中，常聽到「之後再買的人會買到更好的東西，先買的人就吃虧了」這種說法。「新產品加上的東西之前沒有，必須自己再買來裝上。先買的話會很困擾。」也常常聽到像這種不滿的聲音。

雖然事實上是這樣沒錯，但我覺得這種情形是會永遠持續下去的。製作商品的人，當然會覺得這個東西現在已經是最好的；但在日新月異的社會，每天都會誕生出更嶄新的創意。尤其是在進步速度快的業界的商品，更會持續不斷地發生這種情況。

然而關於這點，不僅是賣家電用品，我認為做生意的人都要抱持清楚的信念才行。如果做生意的人也覺得一開始買的人吃虧，後來才買的人比較占便宜的話，生意就不用做了。

有一次，我在會議中聽到這樣的發言：「我在電視剛推出的時候就買，實在是吃虧了。之前花了十二萬日圓才買到，但最近卻變成半價了。沒有什麼事比這樣做更笨了。我再也不會這樣糊里糊塗買家電用品了。好東西一個接一個地變成便宜貨，真是令人困擾。」

對此，我做了這樣的回答。

「原來如此，確實如同你說的一樣。但如果沒有像你這樣的人在，電視就無法進步、發展了。正因為你過去用十二萬日圓購買了我們的電視，現在才會變成六萬日圓就買得到。雖然你可能會覺得這樣等同於你虧了六萬日圓，但並不是這樣的，這是為非常多的人做出了貢獻。同時你也比任何人都能更快看到電視，也是最早體會到電視好處的人。如果到頭來你無法認為自己是最偉大的一群人的話，真的很可惜。如果大家都覺得『明年再買吧』，電視就會一臺也賣不出去，價格也會永遠停留在十二萬日圓了。這樣並沒有比較好不是嗎？」

「啊，這樣確實不能說是一件好事呢。果然還是早點買才是賺到啊。因為愈早買的人愈偉大呢。」他這樣說完，大家一起大笑了起來。我認為不管是什麼工作，如果沒有那些一開始就買的人，就不會進步。

《光只是注意到經營訣竅所在就已值百萬》

客戶並沒有吃虧，而是藉由「用比較高的價格購買」，而「對電視文化的成長發展做出貢獻」。

事實上，這篇文章還有下文，提到汽車的例子。不過內容架構跟電視相同，故在此省略，但我還是要提起在其中登場的一句臺詞：

「正因為我們一開始投入金錢購買，汽車才能在大多數人之間普及起來。我們是一群貢獻者。」

正是因為擁有這種價值觀的消費者存在，才能夠加速工業化，也就是「對汽車社會到來的成長發展做出貢獻」。

如果所有消費者都想著「反正之後就會變得便宜了，我才不要去買汽車這種高價商品呢。」那就沒辦法期望產業會有什麼發展了。

在此，我再介紹一個與引用文章相關的詞，這個詞經常在商管書上出現。我有一陣子曾在商業學校工作。那時某堂課提到了「創新者」、「早期採用者」這個用於將消費者分類的詞。

通常，「創新者」、「早期採用者」是用來指「在新技術一登場就會搶在最前頭購買的人」。

他們常容易給人「喜歡新東西」這種天真而欲望強烈的印象，但讓我們試著用前面的文章脈絡來檢視看看。

也就是說，所謂「創新者」、「早期採用者」並不單純只是「喜歡新東西的消費者」，而是能夠看成是「擔起產業、文化及社會成長發展的貢獻者」對吧。

這樣思考的話，就不會對他們有「負責分擔不合理損失的狂熱者們」這種負面印象了，反而會開始用正面的角度看待，覺得他們是「對社會及時代有意義的角色」。

從作為自然法則的「成長發展」這個關鍵詞出發，就能以正面角度連結像這類原本四處分散的各式用語了。

依循這樣的脈絡，接著要介紹的是與「為了公司的成長發展」相關的名言。這篇文章的主題包括「只做不超出薪水範圍的工作，這樣就夠了嗎？」、「這樣能對公司的發展做出貢獻嗎？」這幾點作為主題。

有時候我會對公司的年輕員工們，講些重點摘要之類的話。

「如同各位所知道的，我作為這個公司的最高領導人，領的是全公司最高的薪水。雖然我在這裡不能講到底是多少，但就先假設有一百萬好了。在這樣的情況下，我如果只做一百萬的工作，對公司是不會有任何貢獻的。在我的想法中，如果不至少做到一千萬的工作，就無法撐起這間公司了吧。或者說，不做到一億、兩億的工作是不行的。照理來說，我應該要自問自己能否發揮出這樣的本事，並以自己的方式拚命努力才對。

也就是說各位也是一樣，假設各位的月薪是十萬好了；如果只做十萬的工作，是沒辦法帶給公司任何貢獻的。這樣不只公司無法分配利潤給股東，也無法繳納給國家的稅金。所以，必須時常問自己：我這個月做的工作，到最後能帶來多少價值呢？

當然，在工作上要發揮到什麼樣的程度才合理、才能符合期望，我在此無法一概而論；但以常識而言，領十萬的人不做到至少三十萬的份是不行的吧，我甚至希望能做到一百萬。

希望各位能以這樣的方式來評估自己的工作，時常自問自答來提升自己的本事，然後進一步開拓新的境界。如果全部員工都能做得到這點，我想到那時就會誕生出更加強而有力的東西。」

《員工心得帖》

以前，有位來參加我主持的工作坊的上班族，曾經漫不經心地說：「我只做剛好符合薪水範圍的工作。」

於是，我介紹了松下幸之助說過的話，說明「只做薪水份內的工作」並不是一件可以抬頭挺胸說出來的事。

要做到超出薪水數倍的工作，多的部分才能夠被用在「公司的成長發展」上。這樣一來，最後也就能夠對社會做出貢獻。

如果不能抱持「為了對成長發展有所貢獻」的世界觀，就沒辦法達成這樣的共識了吧。

再講下去會沒完沒了，在這邊就進到最後一則關於「業界的成長發展」的內容。如果你是以個人的層級在工作的話，很容易完全跟不上這個部分，所以我希望你能特別熟讀這一則。

此外，如果你覺得「什麼和競爭公司共存共榮，只不過是漂亮話而已」，請也透過「為了對成長發展有所貢獻」這個角度，試著再次審視這是否真的只是漂亮的場面話。

為了讓彼此都能生意興隆，相互競爭可以說非常重要。不同店家各自有不同的競爭對手，如果能為了不輸給對方而發揮創意、認真努力，那麼不管哪一方，都能以更有效的方式催生出更好的成果。也就是說，競爭會成為雙方成長的原動力，也會成為進步發展的基礎。

不過為了達到此目的，必須要是意義正面的競爭。我認為必須要以公正的精神為基礎，而且要非常重視秩序才行。如果並非如此，這個競爭就會變成所謂的過度競爭，別說是促進成長進步了，反而還可能導致業界發生大混亂。也就是說，所謂的每天相互競爭，並不是為了像戰爭一樣將對手打倒，而是要為了共存共榮而競爭，必須是為了能共同成長、發展下去而進行的事情才行。

《生意心得帖》

如果光是相互對立、爭鬥，最後的下場只有一起倒下而已。如果演變成業界本身消亡的事態，最後會讓客戶也一起蒙受其害。

因此，所謂的競爭，必須是在每天切磋琢磨的同時，一方面相互協調，以讓業界整體都能有所發展。像這樣的平衡感是必要的。

確實，仔細一想就會覺得這樣沒錯，重點是在於「要用什麼樣的認知角度掌握這件事的重要性」。

具體而言，就是能否從「成長發展」這個「自然之道」來看。如果是從「為了對業界的成長發展有所貢獻」這個根基出發，就能接受「協調」的重要性。

根據前述，只要能瞭解「對成長發展有所貢獻」這個本質的任何一點，就能一通百通地理解大多數的事情。即使是在松下幸之助不同著作中看起來零零散散的發言，貫穿其背後的主軸都是相同的。如果你能夠透過目前為止所說的內容掌握這一點，我會倍感榮幸。

那麼，現在輪到你了。

你所寫下的「為什麼要工作？」的關鍵詞中，應該也有某幾個符合「為了自己以外的某人某事的成長發展有所貢獻」的吧。即使有，你之前有認知到這是「重要到該用紅筆圈起來的事」嗎？當你試著以「原本成長發展就是自然的原理和原則，所以工作時也要遵循此道」這個大方向來看待的時候，應該就會覺得有必要修正目前的工作觀了吧。

請重新檢視之前所寫的「紙一張」，藉由正視自己的工作觀來當作進一步「覺察」的機會。

你在工作中可實踐的三句「名言」

到此為止，我們介紹了作為松下幸之助工作方式基礎的「成長發展」這個關鍵詞。另外，也藉由與你的工作觀比較，希望你能逐步加深理解。

之前還只是在問「為什麼」，但接下來，當你以這個世界觀作為前提，就會開始考量：「到底該以哪種工作方式作為基礎？」

要舉例的話可能舉都舉不完，所以我先以「個人能完成的等級」，專注於「只要用紙一張就能實踐」的部分，挑選出三句名言：

①一日涵養，一日休養

②下了雨，就把傘撐開

③早晨發想、白天實行，然後在傍晚反省

因為不管哪句話的用字遣詞都很獨特，所以光看字面應該會搞不懂到底是什麼意思。接下來將一邊適當地引用松下幸之助的文章，一邊依序進行解說。然後，也會介紹一系列能夠用「紙一張」實踐的具體方法。

還請你在對每句話「到底是什麼意思」提出疑問的同時，繼續閱讀後面的內容。

一日涵養，一日休養

20XX.4.XX 假日的時候都怎麼度過呢？	去咖啡廳工作	買東西	打掃家裡
打電動	逛書店	唱KTV	做菜
在家裡無所事事	和朋友碰面	參加工作相關的研討會	
閱讀	吃些美食	洗衣服	

圖9　假日的時候都怎麼度過呢？

「一日涵養，一日休養」的實踐①

回顧度過假日的方法

雖然有點突然，但請你以「假日的時候都怎麼度過」為主題，寫下「紙一張」。

請以十六格的「工作表1」來寫，首先試著完成用藍筆填寫的步驟。那麼，請試試看吧。

（請花三分鐘左右書寫，然後繼續閱讀）

「一日涵養，一日休養」的實踐②

挑出和「自我成長」有關的活動

近幾年，「工作與生活的平衡」這個詞彙與「改革工作方式」一樣逐漸普及。以「日本人的工作時間長而且過度均一化」這樣的認知前提作為基礎，不管是官方或是民間，都在嘗試錯開通勤時間、週休三日制及遠端工作等各式各樣的政策。如果大家因此能使用空出來的閒暇時間，那就可以來寫前面提到的「工作表1」了，我是這麼想的……。

在此我想請問你一個問題。

在你的關鍵詞中，有幾個項目是跟「自我成長」有關的呢？

請花大約一分鐘的時間，將符合的選項用紅筆圈起來。

20XX.4.XX 假日的時候都怎麼度過呢？	去咖啡廳工作	買東西	打掃家裡
打電動	逛書店	唱 KTV	做菜
在家裡 無所事事	和朋友碰面	參加工作相關的研討會	
閱讀	吃些美食	洗衣服	

圖⑩　和自我成長有關的選項是？

（請花一分鐘左右圈選，然後繼續閱讀）

結果如何呢？過去不習慣將「假日」與「自我成長」連結思考的人，可能會覺得很驚訝吧。

確實，受到近年來「工作與生活的平衡」這個概念影響，將「公歸公、私歸私」清楚劃分開來的人很多。

但是，如果你一個選項都圈不出來的話……

還請試著仔細閱讀下面這篇松下幸之助的文章：

我們公司從昭和四十年開始採用完全週休二日制，在實施半年左右後，我向員工說了如下的話。

「我們公司採用週休二日制開始已經過了半年，但不知道大家都是怎麼去思考如何運用這兩天假日呢？有沒有以『一日涵養，一日休養』的方式有效地活用呢？希望各位不要只是無所作為的度過這兩天休假，而是要去思考能夠提升自我身心狀態的適當方法，並且實際執行。

不過，所謂的提升自我，除了提升涵養及工作能力外，也跟維持健康的身體息息相關。在此有一個想問各位的問題。要說是什麼樣的問題呢？應該也沒有別的了。那就是各位在學習或運動的時候，是否有意識到『這不單單只是為了自己個人，也是身為社會一員應盡的義務』呢？各位過去是否有思考過這樣的事，或是現在有沒有在思考這樣的事呢？」

要問我當時為什麼要提出這樣的問題，那是因為我認為所謂的義務感，是每一位員工都必須常存於心、非常重要的一件事。

《員工心得帖》

雖然現在「週休二日制」在日本已經是理所當然的事，但日本首度導入這個制度的企業，事實上正是松下電器（現在的Panasonic）。

松下幸之助到底是抱持什麼樣的想法，才導入這個制度？

你是否有感受到，這段引文中特別重要的部分就是「這不單單只是為了自己個人，也是身為社會一員應盡的義務」？

簡單來說，要不要去學習並不是取決於「自己的自由」、「自己高興」、「自己喜歡」。

不過，雖說如此，如果說理由就是「因為這是義務」的話，應該會有很多人感到抗拒。

這樣的讀者，還請務必將這段話與前面引用過的名言組合起來，試著理解看看。

「萬物都會成長發展」是自然的法則。

除了外在環境的成長發展外，自己的成長發展，也就是「自我成長」，不也是一個遵循自然之道的過程嗎？

如果逆其道而行，怠忽自己的成長，到底會發生什麼樣的事呢？

最後，在持續不斷高度進化的商業環境之中，自己就無法對他人做出貢獻了吧。

當然，如果你無法做出貢獻，也就無法獲得相符的報酬，這就經濟層面而言應該也不會是你想要的人生才是。

如果想要過著「自由的人生」、「快樂的人生」、「只做喜歡的事的人生」，那就用前所未有的程度學習，讓自己持續成長吧。這樣就能提升自己的力量。

像這樣對周遭做出貢獻，無論如何都能獲得回報的。這可以說是遵循「成長發展」這個自然法則的工作原則。

「一日涵養，一日休養」的實踐③

這個自我投資是為了「對他人的貢獻」嗎？

在前面所寫的「工作表1」中，沒有任何事和自我成長相關的讀者，請從現在開始試著加上和自我成長相關的行動，一開始就算只有一個也沒關係。

另一方面，如果是會閱讀本書的讀者，一定大多是熱愛學習的人。應該有人已經用紅筆畫了好幾個圈吧。這樣的讀者，還請追加下面這幾個問題：

這個自我投資，是「只為了自己」嗎？
還是「為了對自己以外的他人有所貢獻」呢？

在和「紙一張」工作術相關的研習、演講或工作坊中，我經常能見到非常熱愛學習的參與者。跟他們交談後，會發現有些人對其他做法也很熟悉，連教學的我也大吃一驚。

「淺田先生的這個做法，和〇〇先生的做法很像呢。」

「〇〇法跟這個做法有什麼不一樣呢？」

「我以自己的想法，把這個做法的優點和〇〇方式做了比較……」

確實，熱中自我投資沒有錯。但事實上，這樣的人們在業界內卻會被揶揄是

「知識蒐集癖、研討會吉普賽人、技巧升級教的信徒」等，在學習態度上獲得不好的評價。

其理由一言以蔽之，就是因為他們「雖然瞭解、雖然樂在其中，但多半沒有去做」。在序章中提過的讀書態度，廣義上也適用於學習這件事。

因為學了之後並沒有付諸實踐，所以也就不會獲得成果。沒有獲得成果（明明連做都還沒做），就開始懷疑這個做法是不是有問題，再去調查別的做法來學。但還是不會實際去做……

然後，一樣的事情就一直無止境地重複下去，這個世界中存在著一定數量的這種人。

為什麼這樣的聽講者為數不少呢？

如果單純只從週末是否有用來學習這件事來看，他們其實是在做好的事情。因此乍看之下，好像應該給予認同。

但是，最重要的地方卻走偏了。

工作上的學習，應該是要「為了對周遭的成長發展有所貢獻」而做的事，自我成長也要符合這個脈絡才會有價值。

就算沒有完全符合「成長發展」，但如果是「為瞭解決周遭同事或客戶的問題、在實現他們的願望時派上用場」也是可以的。以這樣的認知作為基礎來學習，才是最終能符合自然法則的良好自我投資。

「生活與工作的平衡」這個詞彙，也不是「工作只求適度，其他時間充實生活（私領域）」的意思，而是「為了在工作上獲得成果（對解決周遭問題或實現願望有所貢獻），充實生活（身心一同成長）」的意思。

當然，光是一面倒地成長可能會累死人，所以才會有「一日涵養，一日休養」的說法。不過，也要有跟休息時間同樣的比例，把時間留給自我成長。這不是指自我滿足的自我成長，而是為了他人貢獻的自我成長。

如果有任何你覺得有所共鳴的地方，還請務必熟讀本部分所介紹到的松下幸之助所說過的話，並牢記在心。

讓自己和周遭都能成長的「紙一張」學習法

接下來要介紹符合本章脈絡的「紙一張」學習法。在此又要請你寫「工作表1」了，不過這次請使用三十二個格子。先畫出十六格的「工作表1」，再多畫出四條橫線，就會有三十二格。

畫好格子後，主題欄請填入如下內容：

「在工作上發生的問題是？」

無論公司內外的都可以。只要是做現在這份工作時會覺得「是問題」的事情就OK。不過，請只使用左半邊來寫，最多寫十五個就好。那麼，請試試看吧。

（請花一分鐘左右書寫，然後繼續閱讀）

順利完成了嗎？

20XX.4.XX 在工作上發生的問題是？	業績要求很高		
很常加班	老闆沒有遠見		
有很多沒幹勁的人	有很麻煩的合作廠商	Check Point! 你寫的是自己才有的煩惱嗎？	
人手不足	大家各做各的		
年輕人馬上就離職	沒有成長中的部門		
沒有派得上用場的老將	部門間沒有合作可言	Check Point! 你寫的是自己才有的煩惱嗎？	
市場不斷縮小	商業模式到了極限		
沒有時間	每個人的工作量差很大		

圖⑪　「紙一張」學習法①

寫好之後，希望你馬上先做個檢查。要做什麼檢查呢，那就是：

「你是不是光寫出自己的煩惱和不滿呢？」

「你有寫出自己以外的人、公司、合作廠商或客戶困擾的事嗎？」

如同前述，工作應該要是「為了對周遭的成長發展有所貢獻」，首先像這樣大量寫出「自己以外的人的困擾」，就能建立起工作的起跑線。

不過，如果是由只管自己工作狀況的人來進行這項作業，應該一開始就寫不出幾個來了。或是就算都填滿，也只寫得出自己的煩惱和問題，關於別人的事情則一件都沒提到，這樣的情況很常見。

最大的問題點在於：「沒有寫出來看看，自己就不會注意到這件事，也不會有所自覺。」試著讀到這裡之後愈覺得「自己沒問題」的人，愈要請你好好地動手做看看這個作業。

那麼，接下來就以你已經寫出自己以外的職場、同事或職場整體、合作廠商或客戶的問題為前提，繼續進行下去。

首先請拿出紅筆，從寫出的清單中，圈出你覺得特別想解決的問題。就算這次只圈出一個也沒關係。

接著，要使用「工作表1」的右半邊囉。請在第一列第三行的空格中，用綠筆寫下「要如何解決？」然後換成藍筆，把你想得到的解決對策填入剩下的

20XX.4.XX 在工作上發生的 問題是？	業績要求很高	要如何解決？	停止沒來由的 斥責
很常加班	老闆沒有遠見	讓大家閱讀培育 人才的書	問問年輕人的 期望
有很多 沒幹勁的人	有很麻煩的合作 廠商	建立工作交接資 料・系統	研究其他公司的 例子
人手不足	大家各做各的	聽聽年輕人的 不滿	掌握工作交接的 狀況
年輕人馬上 就離職	沒有成長中的 部門	向培育人才的部 門詢問	瞭解年輕人的工 作動機
沒有派得上用場 的老將	部門間沒有合作 可言	增加與年輕人1對 1對話的機會	
市場不斷縮小	商業模式 到了極限	讓公司的氣氛更 活潑	
沒有時間	每個人的工作量 差很大	定期給予讚美	

寫不下去了……
→建立學習目的
→與自我成長相關

圖⑫　「紙一張」學習法②

十五格中。

請花三分鐘，最多花五分鐘也沒關係。那麼，請試試看吧。

（請最多花五分鐘左右書寫，然後繼續閱讀）

那麼，你是否想出了很多對策呢？想得出來的讀者，還請將對策排出優先順序，努力付諸實行。另一方面，如果是幾乎想不出對策的人，一言以蔽之：

這正是「學習的目的」不是嗎？

或許你到目前為止，都是基於「因為有興趣」、「因為想學看看」、「因為看起來很有趣」等從自己出發的理由來學習。

不過，如果是這次學到的，以遵循「為了對某人的成長發展有所貢獻」這個自然流程的形式來學習，其目的最終還是在於「為瞭解決自己以外的某人的問題」，或是「培養幫助他人解決問題的力量」。

如果你這次試著寫出「工作表1」後，卻沒辦法想出能當作解決對策的好點子，這是因為你的腦袋中能夠作為解答的材料還不足的緣故。

如果是能夠輸出的資訊不足，那就只能輸入資訊了。在閱讀本書的同時，你可以去上上課，或是和其他人討論，如此一來就能夠漸漸增加能用藍筆寫出來的資訊了。

能順暢整理資訊的「紙一張」學習法

順道一提，輸入資訊的時候也能夠使用「工作表1」。

請用藍筆填入「有所共鳴的關鍵詞」

20XX.4.XX 本書整理	不被困難 所困擾	△△△……	
比起超譯， 更要超實踐	工作表1	×××……	
行動第一	成長發展		
正面・聚焦	○○○……		

圖⓭　能順暢整理資訊的「紙一張」學習法

例如，如果你讀了一本書，在讀完後請以「本書整理」作為主題，畫出十六格或三十二格的「工作表1」。然後，將書裡讓你有所共鳴的關鍵詞，用藍筆填入空格中。所謂「有所共鳴的關鍵詞」，當然要以達到目的為前提；也就是說，是要對解決某人的問題，或是實現願望有所貢獻的有效關鍵字。

此外，當你覺得好像快無法看清目的了，還請拿出前面所寫的「在工作上發生的問題」的「紙一張」，重新檢視幾次。在填寫「本書整理」的「工作表1」之際，將其放在手邊不時看一下，應該最能讓你能付諸行動。

能迅速整理對話的「紙一張」談話術

「與人談話」時也能應用「工作表1」。請先準備好在主題的地方寫上「與A的對話整理」的「紙一張」。

接著，請一邊聽A說的話，一邊用藍筆填入關鍵詞。結束聆聽的時候拿出紅筆，以「哪些是對於達成目的特別有效的話」作為問題，畫圈或畫線連結、進行整理吧。

「雖然每次要做的動作都一樣，但沒想到能應用到這種程度！」

如果這樣讓你很是驚奇，我會非常開心。接下來的做法道理都相同。還請一邊享受其應用範圍之廣，一邊大量地書寫。

① 請在聆聽的時候一邊用藍筆做筆記

② 請用紅筆畫出優先順序、關聯性

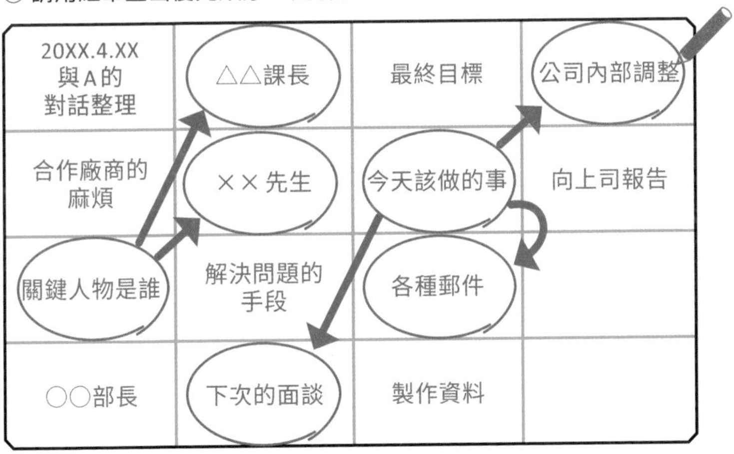

圖⑭　能迅速整理對話的「紙一張」談話術

下雨了，就把傘撐開

不斷自問何謂「理所當然的狀態」

先前請你寫下以「工作上發生的問題」為主題的「紙一張」之際，應該有很多人完全想不出來，或是光寫出自己的煩惱吧。

這種情況下該怎麼做才好？該怎麼做才能夠發現自己可以提出的，與貢獻他人有關的問題？接下來就要在這邊告訴你如何解決。

從松下幸之助的名言中可以學到、跟發現問題有關的關鍵句就是：

「下雨了，就把傘撐開」

這到底是什麼意思呢？

跟第一章的「不被困難所困擾」相同，這句名言也相當有名，首先就請試著閱讀下面的文章。

這是我從松下電器的社長變成董事長（昭和三十六年）之後不久的事。某個新聞記者前來採訪時提出問題：

「松下先生，你的公司能非常迅速發展，是基於什麼原因呢？能不能跟我們分享祕訣？」

別人問我發展的祕訣是什麼，那我到底該怎麼回答呢？我想了一下，然後靈機一動，反問了那位年輕記者一個問題。

「如果下雨的話，你會做什麼呢？」

這個問題應該很天外飛來一筆吧。那位記者用一種嚇一跳的表情，稍微停頓了一下之後，還是很誠實地回答了我預料之中的答案。

「那我會撐起傘。」

「就是這樣對吧。下雨的話就撐起傘。我覺得這就是我發展的祕訣、做生意的訣竅以及經營的訣竅所在。」

這個想法，在過了二十年的現在也絲毫沒有改變。總之，下雨的話就撐起傘。如此一來，就能不被淋濕地前進了。這是順應天地自然法則的姿態，可以說是萬人都知道的常識，也是很平凡的事。要說其中有什麼做生意、經營的發展祕訣的話，我覺得就只是將這樣平凡的事情，用理所當然的態度去做而已。

《光只是注意到經營訣竅所在就已值百萬》

將極為平凡的事情，用極為理所當然的態度去做。這就是「下雨了，就把傘撐開」的意思，是否有讓你恍然大悟呢？

老實說，我第一次看到這句名言時，只覺得「講這什麼理所當然的話啊」。因為我當時還是大學生，搞不懂也莫可奈何；但等我成為社會人士，累積許多實務經驗之後，就漸漸能感受這句話的深度了。

為了讓你能更加體會這句話的深意，以下再引用別本著作中的文章。

當我被問到在經營上有什麼祕訣的時候，我有時會回答：「其實沒什麼特別的祕訣，硬要講的話，就是在工作時遵從『天地自然的法則』。」

遵從天地自然的法則來經營，聽起來好像很難，但舉例來說，就是像「下雨了，就把傘撐開」這種事而已。下雨的話就撐起傘，這是誰都能做到，也是極為理所當然的事。如果下雨不撐傘，就會淋濕，這也是理所當然的事。

將這樣理所當然的事，用理所當然的態度去做，正是我在經營上的做法，也是我的思考方法。

（中略）

就像這樣，我所說的「遵從天地自然法則的經營」，就是去完成理所當然該做的事。可以說就只是這樣而已。如果能去好好完成該做的事，經營也必定能順遂。從這個角度來看，經營其實極為簡單。

製作出好產品，獲取適當的利潤來販售，嚴謹地收款。這些事情只要照這個原則來做就夠了。

不過，實際經營去做，也可能會發生有人不照這個規則走的情況。

（中略）

簡而言之，如果不做該做的事，就是違反了天地自然的道理。所謂經營上的失敗，也可以說全都是因此衍生出來的吧。

《實踐經營哲學》

這樣你應該多少有點概念了吧。還請將它與第二章的主題「遵循成長發展的自然法則」此一觀點做連結加以理解。

在此我想稍加解說的一點是「實際經營時，也可能有不照這個規則走的情況」這個部分。「下雨了，就把傘撐開」，簡單來說就是「做理所當然的事」；但在實際工作中，我們會有很多時候並沒有去實行這個理所當然的事。我希望你能正視這個事實。

如果有這個認知，就可以提升解決工作問題的能力，特別是發現問題的能力，並看清作為基礎的基本思考法則。

- 和客戶之間的關聯，該怎麼樣才是理所當然的狀態？
- 跟合作廠商之間的關係，該怎麼樣才是理所當然的狀態？
- 管理自己的部門時，該怎麼樣才是理所當然的狀態？
- 經營公司時，該怎麼樣才是理所當然的狀態？
- 自己的工作流程，該怎麼樣才是理所當然的狀態？
- 自己這個單位的業務內容，該怎麼樣才是理所當然的狀態？

也就是說，如果能常常提出以上這類問題，用理所當然的狀態和現狀做比較，就能發現其中落差，也就是發現應該處理的課題。「我在工作上沒有什麼問題，沒關係。」應該要用會覺得自己說過這樣的話很羞恥的程度，去發現各式各樣、大大小小的問題。

自問什麼是理所當然的狀態

但是，如果只做到這個階段，你可能只會覺得「確實是這樣」，其他什麼都不會改變。所以，這裡也要藉由組合「紙一張」，來找出明天開始就能迅速實踐的路徑。

請製作一張三十二格的「工作表1」。主題的空格中，請用綠筆填入書寫的日期以及「何謂理所當然的狀態？」。

針對主題發想時，可以隨自己的工作內容來變化。像是和客戶之間的關係、經營職場的理想方式、事業戰略等等，總之就是從你的角度出發，思考「如果可以做些什麼的話，怎麼樣才是理所當然的狀態」。請一邊思考，一邊用藍筆將腦海中浮現的關鍵詞填入空格。這次也請先使用左半邊來填寫，最多十五個。時間請設定五分鐘左右。那麼，請試試看吧。

（請最多花五分鐘左右書寫，然後繼續閱讀）

「下雨了，就把傘撐開」的實踐②

探究沒有變成理所當然的現實

接著是填寫右半邊。首先請用綠色的筆在第一列第三行的框格中寫上「問題在哪裡？」。藉由將現狀和左邊寫下的「理所當然」做比較，應該就能發現某些問題點。請用藍筆寫出來。這裡也最多花五分鐘就好。那麼，請試試看吧。

（請最多花五分鐘左右書寫，然後繼續閱讀）

你應該已經體驗到能夠順利發現問題的基本流程了吧。接下來只要與左頁圖⓯所介紹到的方法連結，就能付諸行動、解決問題了。

在商業技巧教育的世界中，有人曾說過：「比起解決問題，發現問題更重要。」實際上，如果想用更高階、更精緻的流程來發現問題，再怎麼複雜的方式都有。

20XX.4.XX 何謂理所當然的狀態？	客戶第一	問題在哪裡？	覺得是他人的責任
依照截止日進行	隨時共享資訊	容易超過截止日	
掌握市場脈動	提早五年建立戰略提案	市場調查不足	
仔細做好事前調查	員工不離職	死氣沉沉的職場	
有活力的職場	有很大的動力	常常加班	
易於討論的環境	以身作則	工作時以自己方便為優先	
不白費力氣的經營	易於對談	沒有先見之明的經營	
零加班		員工容易離職	

和理所當然的狀態相比，讓問題「可視化」

圖⑮　自問「問題出在哪裡？」

不過，就算學了這種商學院等級的問題解決（發現）法，也會因為太難而無法實踐，如果到頭來什麼都沒掌握到就忘掉的話，在上頭投資也沒有意義了。

或是就算有實踐的能力，也因為每天的忙碌和環境限制，而無法確保時間、預算和人力資源，這樣的案例也很多。

這次介紹的做法只是思考「怎麼樣才是理所當然的狀態」，試著將理想和現狀做對比，所以非常簡單。

「下雨了，就把傘撐開」、「買了東西就確實付錢吧」、「工作時要先好好確認、締結合約後再開始」，這種等級的事情，不用進商學院學習就都該知道。

雖說如此，不管是中小企業或是大企業，每個人在每天的實際工作中應該都能感受到，在現實中，隨處可見「理所當然的事並沒有理所當然地進行的情況」。

在日常生活中，到處都有各種為了成長發展而該解決的問題。

請不要過於焦急，先從身邊的這種問題開始解決，並努力不懈地累積下去。

會閱讀本書的讀者應該處於各種階段中，還請以各自的立場，正視「實現理所當然」這件事。

早晨發想、白天實行，

然後在傍晚反省

松下幸之助的名言可以用PDCA循環表示？

在此先試著整理一下前述內容。

首先，是要思考怎麼樣才是理所當然的、將它與工作的現狀比較，然後發現問題。

發現之後思考解決對策，然後付諸實行。

如果沒辦法順利進行，或是想不出解決對策，就持續嘗試增加輸入的資訊，直到可以想出解決對策為止。

以上的一切都不是抽象的理論，而是以寫出「紙一張」這個簡單動作，就能建立起實踐路徑的事情。這是到目前為止的重點。

學習這一連串流程的時候，請你試著閱讀下面這篇松下幸之助的文章：

到目前為止，我在經營松下電器的過程中，常常說出或寫下各式各樣的東西當作做生意的心得。最近常聽到有人希望我能整理一下這些內容。在此我試著挑選出其中幾項。像這樣去整理、去重新審視後，最終我認為在做生意時，像下面這種基本心態是非常重要的。

也就是說，佛教徒們的生活態度是早晨敬拜、傍晚感謝；而像我們這些每天工作的人，也應該要早晨發想、白天實行，然後傍晚反省，藉此回顧每一天。同樣地，在每月、每年之初也要發想，並在月終與年終反省。如果過了五年的話，就針對這五年的份進行反省。如此一來，就能在某種程度上理解，這五年之間實行的事哪些是好的、哪些是不好的。

在我自己的經驗中，即使覺得自己大致上沒有搞錯，但在五年後試著重新思考看看的話，就會發現雖然有一半的事情是成功的，但也有一半是不做也罷的事，也可以說就是失敗的。如果能像這樣一邊反省、一邊前進，應該就能逐步減少錯誤地前進了。

簡而言之，所謂的做生意，發想、實行、反省是很重要的。我自己也是，每當我更加重視這樣的基本心態，就能再一次有所深切體悟。

《生意心得帖》

「發想、實行、反省」

如果換成現在商管書所流行的用字遣詞，就是PDCA了吧。

- **Plan：事前仔細思考（發想）**
- **Do：試著做做看（實行）**
- **Check：回顧之後再次仔細思考（反省&發想）**
- **Action：改善（實行）**

雖然這裡是要告訴大家要以這種反覆的步驟作為工作的基礎，不過到底要如何做，才能每天執行發想・實行・反省的循環呢？

關於這點，雖然可以用各式各樣的脈絡來解釋，但近期內只要能先實踐在第一章和第二章中寫下的事，就很足夠了。

也就是說，在「P＝發想」的階段，要藉由「將理所當然的狀態與現狀做比較」來找出問題。然後，想出該如何解決問題的點子，排出優先順序後實行。這裡是「D＝實行」的階段。

不過，關於實行，還有一點應該要先追加的內容。

事實上，在第一一一頁，我已經先稍微做了一點「前置作業」。那就是提到「請排出優先順序後努力付諸實行」這個還沒進入行動階段的表現。如果是已經習慣本書觀點的讀者，看到這句話的時候恐怕會有這樣的感覺：

「所謂的優先順序，該怎麼排呢……」

如果現實生活中，部下、後輩或年輕員工向你詢問「優先順序要怎麼排比較好？」，你會做出什麼樣的回答呢？應該給出讓對方能夠實際行動的建議吧。

如果你覺得這麼做很難，那恐怕是連你自己都無法實踐吧。還請務必參考接下來介紹的方法。

能做出無論何時都不動搖的決斷：「紙一張」優先順序決定法

請拿出在第一一一頁以「該如何解決？」為主題寫下的「工作表1」。透過接下來的流程，就能為你寫出的對策排出優先順序，也就能決定哪一項該付諸實行了。

請拿出紅筆。接著，請各自圈選出三個符合下面三個問題的選項。

問題①：（先不管做不做得到）做了之後會最有效果的對策是哪個？

問題②：看起來好做到、能夠輕易實行的對策是哪個？

問題③：（主觀一點比較好）自己特別想做的對策是哪個？

符合問題①的選項，請像之前一樣圈起來。另一方面，問題②用三角形、問題③用方形圈起來。

用不同形狀圈選的理由，是因為可能會有對策被圈起來好幾次。為了能看出是因為哪個問題而被圈起來的，所以才在視覺上做出變化。那麼，請保留一分鐘的時間做看看。

（請花一分鐘左右圈選，然後繼續閱讀）

圈完之後，請看看你所寫下的「紙一張」。

該做什麼事，應該馬上就能一目瞭然了吧。上面圈選愈多記號的選項，就是優先順序愈前面的選項，接著只要以其為中心來執行就好了。

你覺得如何？我想可能會有很多人因為這個方法太簡單而大失所望吧。接下來，我會使用稍微難一點的詞彙來統整這個方法。

簡而言之，這個做法是從「有效性」（是否有效）、「可行性」（是否容易做到）、「偏好性」（是否想做）這三個觀點出發，試著思考「應該採用哪個對策」。如果有哪個對策符合三個觀點，或是二個以上的，那當然就是該實行的對策。藉由從不同的觀點重複提問，就能篩選出優先順序，並且能看得一清二楚，這就是「紙一張」優先順序決定法。

如果有讀者覺得「這個做法的價值並沒有讓我驚豔」，還請務必想想看：「我可以光靠在腦海中想像就做到這件事嗎？」

20XX.4.XX 在工作上發生的問題是？	業績要求很高	要如何解決？	停止沒來由的斥責
很常加班	老闆沒有遠見	讓大家閱讀培育人才的書	問問年輕人的期望
有很多沒幹勁的人	有很麻煩的合作廠商	建立工作交接資料・系統	研究其他公司的例子
人手不足	大家各做各的	聽聽年輕人的不滿	掌握工作交接的狀況
年輕人馬上就離職	沒有成長中的部	向培育人才的部門詢問	瞭解年輕人的動機
沒有派得上用場的老將	部門間沒有合作可言	增加與年輕人1對1對話的機會	
市場不斷縮小	商業模式到了極限	讓公司的氣氛更活潑	
沒有時間	每個人的工作量差很大	定期給予讚美	

讓優先順序高的解決對策「可視化」！

○……（先不管做不做得到）做了之後會最有效果的對策是哪個？

△……看起來好做到、能夠輕易實行的對策是哪個？

□……（主觀一點比較好）自己特別想做的對策是哪個？

圖⑯　「紙一張」優先順序決定法

大多數的讀者，應該都願意承認「光只在腦海中想像是無法做到的」這個事實。當然，根據主題不同，應該也有人覺得「就算沒有紙也沒關係」；但要這麼說的話，不管哪個主題，本來就都是「沒有紙」就能做到的吧。

光憑想像沒辦法做到時，應該會有什麼能夠克服的手段。如果只用「紙一張」就能克服，那應該就十分值得你掌握了。

或者是，假設你做得到好了，那你的部下或後輩也能光憑想像就做到相同等級的思考整理嗎？如果他們做不到，你要如何將在自己腦中進行的事，用言語或動作傳達給對方呢？

如果你學會這個方法，就能夠對部下或後輩的成長發展做出貢獻。

如同前述，如果能將視野擴大至此，就能感受到「紙一張」優先順序決定法的「有效性」和「可行性」了。

如果這能讓你產生「想用用看這個方法」的「偏好性」，那麼我會覺得很開心。

能持續「發想與實行」循環的「紙一張」反省術

前面介紹了關於發想（P）與實行（D）的「紙一張」實踐法，所以接下來要介紹反省（C）的「紙一張」。雖然「天天反省」最理想，但是要實踐十分困難。以日、週、月哪個單位來做都可以，不過最容易想像也最容易做到的就是以週為單位，以下就介紹相關案例。

那就假設將第一三五頁的「發想」階段所想到的對策，試著「實行」一週吧。

在這個階段，請再寫出一張三十二格的「工作表1」。首先，請在最左上方的主題處填上「工作的目的為何？」。

是為了什麼想出對策，並且實行了一週呢？當然就是為了達成目的囉。你有好好記住嗎？希望你試著再次寫下來。

「把手段和目的混為一談」、「迷失目的」，就如同這些用字遣詞常被使用一樣，不管是誰，都常常馬上就忘記目的。事實上，有很多聽講者，常有做到這邊就會因為無法順利寫出目的而驚訝的經驗。

要說為什麼會驚訝，是因為在「用紙寫出來」之前都沒注意到這件事。不寫出來就不知道的事，正是要寫出來才會有自覺。正因如此，「反省＝回顧」的第一步就是「明確寫出目標」。請用藍筆寫下來吧。

接下來，請在第一列第二行的空格中，用綠筆寫下「本週實際上做了什麼事？」。然後，用藍筆寫下這一週內為達成目標所做的事。

寫好之後拿出紅筆，問自己：「覺得哪件事還好有做呢？」即使評價很主觀也沒關係，請把符合的選項圈起來。結束之後，再問自己：「哪件是有必要改善的事呢？」然後把符合的選項用三角形圈起來。

最後，請在第一列第三行的空格中用綠筆寫上主題：「下週要如何做？」如果第三行已經寫了前一個問題的關鍵詞，寫到第四行也沒關係。

然後，請寫出該如何改善用三角形圈起來的事，以及下個禮拜要做什麼。寫出來之後，一樣可以用「紙一張」優先順序決定法（第一三五頁）來決定事項的重要性。

① 寫下「工作的目的」與「實際做的事」，然後把覺得幸好有做的事畫圈，覺得有必要改善的用三角形圈起來。

20XX.4.XX 工作的目的是？	本週實際上做了什麼事？		
打造能培育人才的職場	1對1的個別會談		
讓團隊拿出成果	增加部門內的對話		
減少加班	藉由閱讀來學習		
打造扁平的組織	讓工作狀況可視化		
○○……	積極共享資訊		
	重新分配適合成員的工作		

覺得幸好有做的事圈起來

覺得有必要改善的事用三角形圈起來

② 以上面的內容為基礎，寫出「下週想試試看的事」

20XX.4.XX 工作的目的是？	本週實際上做了什麼事？	下週要如何做？	
打造能培育人才的職場	1對1的個別會談	午餐聚會	
讓團隊拿出成果	增加部門內的對話	工作狀況的可視化	
減少加班	藉由閱讀來學習	以2人為1組分派工作	
打造扁平的組織	讓工作狀況可視化	△△……	
○○……	積極共享資訊	××……	
	重新分配適合成員的工作		

寫上改善策略

圖⑰　持續「發想與實行」循環的「紙一張」反省術

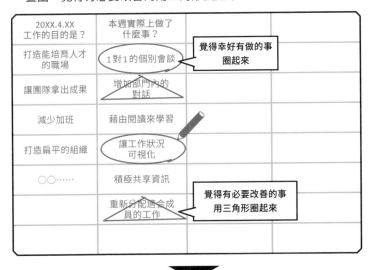

「發想、實行、反省」的訣竅①

和正面・聚焦分開來看

藉由這個方法，一切的「發想」、「實行」、「反省」，都能用「紙一張」就付諸實踐。然後就試著實際做看看吧！雖然我想這樣結束第二章，但和第一章相同，最後要補充三個實踐訣竅。

第一個訣竅是「不要和第一章的正面・聚焦混為一談」。這次在反省的部分，會把有必要改善的事用三角形圈起來。關於這個，可能會有人覺得「這不是跟第一章講過的不一樣了嗎？」。

會這樣覺得的人，正是已經把「目的」忘記了不是嗎？

第一章的目的是「建立正面・聚焦的思考迴路」。因此，養成將寫下來的事情盡可能地正面解釋的習慣是必要的做法。

另一方面，這裡的目的則是「改善今後的工作方式、讓自己成長，並對其他人的成長發展做出貢獻」，所以如果變得「全都是好事的話」，就沒辦法改善了。

正因為目的曖昧不明，才會產生這樣的混淆。如果拿肌肉訓練來比喻，可以想像第一章做的是腹肌的訓練，第二章則是背肌的訓練。雖然不管哪部分的肌肉都很重要，但是鍛鍊重點跟目的都會有所不同。雖然用看得到的身體來比喻就很簡單好懂，但如果是在腦海中想像，也會有人會想到一半就不小心搞混了。還請特別注意。

「發想、實行、反省」的訣竅②

不要過度拘泥於多久該做一次

第二個訣竅就是「不要拘泥於週期」。

一看商管書架上堆得滿滿的PDCA書籍，就會發現有很多書是叫你「每天做」、「每個禮拜做」、「每個月做」。實際上，能每天做是再好不過，但是對大多數的人而言，這實在很難做到。

或許從某方面來看也可能是意志力的問題，但特別是上班族，總是經常會有自己沒辦法控制情況的日子，像是「突然得去出差」、「突然必須馬上處理的案子」、「上司突然指派工作」等等。

如此一來，就沒辦法實行原定的計畫了；而且因為一般人都會覺得「一定要定期做到才行」，所以也會有人因此陷入不必要的沮喪之中。

「唉，明明都決定要做到了，結果今天沒做到……」

如果演變成這樣的情況，明天之後再重新開始的難度，特別是在精神層面的難度，就會變得非常高，可能還會覺得不想再嘗試第二次了（如果能養成第一章提到的「正面．聚焦」習慣，可能就比較沒關係）。

為了不要變成這樣，最好不要強硬地決定「要每天寫」、「要每個禮拜寫」比較好。如果稍微有彈性一點，像是「大概三天寫一次」、「一個禮拜至少寫一次的話就OK」這樣，以能夠保留緩衝時間的條件來執行就夠了。

目的在於「養成習慣」。不姑且持續下去的話就沒有意義，所以還請依照自己的狀況來有彈性地調整。

「發想、實行、反省」的訣竅③

做到六成就好

最後第三個訣竅是「做到六成就OK」。這個訣竅最終也要取決於你有多習慣「正面．聚焦」（所以第一章很重要），因為做法就是這麼簡單，應該也會有人懷疑「真的只有這樣嗎？」。

實際上，關於確立問題以及提出對策的流程，如果想要更深入仔細地分析，方法要多少有多少。跟那種細膩的分析比起來，如果要吐槽本書的做法粗糙又不可靠的話，那不管怎樣都可以成立吧。

不過，大部分的人就算知道細膩的問題解決方法，事實上也幾乎不會去用。還請試著環顧一下你的職場。平常有在使用像是商學院教的方法的員工，最後到底有多少呢？

再者，松下幸之助也留下了像這樣的話語：

不管是什麼工作，在進行時都需要先下判斷。如果判斷錯誤，就算特地花費心力也無法得到成果。

不過，因為我們都不是神，要看清未來、看遍每一個角落，做出絲毫沒有錯誤、百分之百正確的判斷是不可能的。雖然做得到當然是最好，但你是無法去期望能做到百分之百的。這是只有神才做得到的事。我們人類，充其量只能做到百分之六十。如果能確信自己看清了六成，這個判斷大致上就是合理且應該嘗試的。

剩下的，就是勇氣和執行力了。

不管做出多麼恰當的判斷，如果沒有去實現的勇氣跟執行力，這個判斷也就沒有意義可言。勇氣和執行力，再加上六成的判斷，就能催生出百分之百確實的成果。

因為只有百分之六十也沒關係，所以希望我們能謙虛且認真地判斷，並抱持著要做百分之百的果斷勇氣和執行力。

《路是無限寬廣》

只要試著去實踐寫下「紙一張」這個簡單的動作，對於大多數的課題都能有「六成的展望與確信」。

相反地，如果在這個階段無法決定「就做吧！」，就有可能是「因為勇氣和執行力不足」。

「如果不思考得縝密一點是不行的。」在你這樣想之前，請試著想想：自己追求縝密的背後原因，難道不是因為沒有勇氣、懦弱和弱小嗎？如果這能讓你注意到這個盲點，我會覺得很榮幸。

請以上述三個訣竅為基礎，嘗試改革自己的工作方式。

第3章

革新與他人相關的工作方式

被無紙化盛行且輸入資訊過多的
超資訊化社會吞噬的結果，
導致對「溝通」抱持逃避傾向的商業人士，
人數增加到前所未有的程度。

另一方面，松下幸之助是位「活用人才」的天才。
大膽交付下屬工作、提升員工幹勁，
直到現在也廣泛受到大家愛戴。
在本章，將介紹以「紙一張」來實踐這個本質的技術。

花七成力看到優點，
花三成力看到缺點

事前準備作業

面對自己難以應付的人

到第二章為止，是以「個人可控制的層面」為內容中心。與此相對，在第三章將特別聚焦在「如何和周圍的人建立關係」這點上。每天在組織中工作時必須進行的商業溝通。該怎麼做才能讓其大幅改善，以實現縮短時間、減輕壓力等等呢？

沒錯，接下來要做的也只有「紙一張」。

直接進入行動，請用綠筆畫出三十二格的「工作表1」吧。左上角的空格請寫上日期，以及這次的主題：「哪些人和我的工作有關？」

接著請用三分鐘左右，用藍筆寫下和工作相關的人。

不管公司內外都沒關係。職場同事以外的廠商或客戶也可以。考慮到之後的事，這個作業還請悄悄地進行比較好。還請別不小心讓別人看到。為了預防萬一，請不要寫上本名，以代號表示應該比較能夠降低風險。

右半邊之後才會使用，所以請在左半邊寫下最多十五個人。那麼，請試試看吧。

（請花三分鐘左右書寫，然後繼續閱讀）

現在開始改用紅筆。

符合以下問題的人，請將他圈起來。

缺點比優點更讓你印象深刻，而且老實說會讓你覺得難以應付的人是誰呢？

人數部分，這次有好幾個人也沒關係。

總之，如果有「這個人有點難以溝通……」、「可以的話，儘量不要跟這個人一起工作」的人，不管有多少人都請圈起來。那麼，請試試看吧。

（請花一分鐘左右圈選，然後繼續閱讀）

20XX.4.XX 和我工作相關的人是？	○○		
A部長	△△		
B課長	××		
C某			
D某			
合作廠商E			
合作廠商F			
合作公司G			

寫的時候用代號也OK！

圖⑱　哪些人和我的工作有關？

結果如何呢?事前準備到此就結束了。

這個作業或許會讓有些人感到內疚也說不定。

不過，還請放心。接下來就堅定地繼續跟著步驟做下去吧。

人際關係的基礎也是「正面・聚焦」

如同序章所介紹，松下幸之助既沒有學歷，身體又差。

但即使如此他還是建立起足以

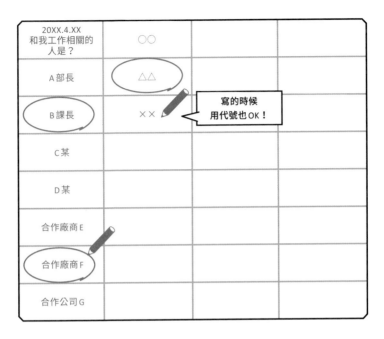

代表日本的企業。還請閱讀以下這篇文章：

我覺得自己沒什麼學識，也沒什麼特別才能，是個極為平凡的人；不過在這世上，還是會有人覺得這樣的我「擅長經營」或是「擅長用人」等等。雖然我自己絕對沒有打算要成為這樣的人，不過卻常常有人這樣講。這是為什麼？試著思考後，我有一個想法。

那就是，我把每個員工都看得比我自己還偉大。不管去看哪個人，哪個人都比我還有學問、還有才能，都很優秀。

當然，因為我一直都是擔任社長及董事長的職位，所以會要求員工要注意各式各樣的事，也常常痛罵他們「你這樣根本不行」，這樣的事情還不少。不過，這是所謂社長或董事長的職責所在，以個人來說的話，我並不覺得自己有比較偉大。就算是罵人的時候，我的內心也還是覺得「這個人比我偉大」。

我想，或許就是因為抱持這樣的心態用人、和員工互動，像我這樣沒什麼特別長處的人，才能多少在商業上獲得成功，也才會被人說擅長經營

《經營心得帖》

和用人吧。

正因為自己沒什麼學歷，才會覺得「不管是誰看起來都很優秀」。可以說，這也正是「正面．聚焦」腦的例子之一。

如果是一般人，可能會因為自卑，結果否定他人，相對地把自己捧得很高。受到嫉妒心驅使，做出想讓別人失敗的行為也不奇怪，但如果有「正面．聚焦」的腦，在人際關係上就可能有和松下幸之助相同的看法。

相反地，如果在抱持著「我很優秀」的強烈菁英意識的情況下，「正面．聚焦」的腦也變得很強烈，會發生什麼事呢？

前面所引用的章節之後，松下幸之助又提到一個社長的例子。某個合作廠商的社長，似乎會貶低自己的員工。這位社長本身是很優秀的人，也很有手腕，所以總是會覺得下屬不盡人意。

不只社長會如此，不管是誰，工作愈久，或多或少都會有這種想法。然而，松下幸之助認為，像這樣老是說壞話的公司或商店，一定沒辦法順利經營下去。

相反地，覺得「員工都是好人，真是太令人開心了」這樣的「正面．聚焦」的社長，則都能有好成績，生意也會很順利。

從這樣的對比可以明顯看出，這取決於在上位的人，是否能看見部下某些比自己還要優秀的部分。有一點想請你注意的是，這並不是在說「不要去看不好的地方」。首先，「好的地方」跟「壞的地方」都要看到。以此為前提，要盡可能地選擇「好的地方」來進行溝通。

在人際關係和組織營運中，是否也能貫徹「正面．聚焦」呢？

到這個階段，請先確認你是否已經將實踐的方向性「從自己身上轉移到他人身上」了。

貫徹適才適用

這裡再引用一段從別的觀點出發的話：

追求完美無缺，是人類的一種理想，也是願望。所以會互相要求也是不可避免的事。但在想追求又追求不到的情況下，就經常會在不知不覺中造成對方的痛苦，以及自己的煩惱。但是，人類本來就已經很完美了。

松樹不可能開出櫻花，牛不可能學會馬的嘶叫聲。松樹是松樹，櫻花是櫻花；牛是牛，馬是馬。也就是說，這個大自然中的一切，就算每個東西都不一定是完美無缺的，但只要根據個別的天賦活用本領、相互給予，就能在整體的和諧之中誕生出豐富與美。

人類也一樣。就算彼此都不完美，只要不忘記依照各自的天賦專心致志地活用本領，就能以整體的和諧為基礎，為自己和他人都帶來幸福。如果你能坦然瞭解這點，就能讓自己擁有謙虛的心態，以及能原諒他人的心。然後，就能誕生出彼此互補、互助的姿態。男人是男人，女人是女人。牛會哞叫，馬會嘶嘶叫。繁盛的原理是極為單純的。

《路是無限寬廣》

前面引用的文章，是將第一章的「正面．聚焦」用在他人，而非自己身上；而我用這篇文章想連結的，是在第二章一開始出現的關鍵字，即是「從自然的流程來思考」。從這邊開始再進一步深入理解的話，到底會是如何呢？

這個不言而喻的道理，就是「每個人都不是完美的」。不管是誰都無法否定這件事。

正是以能夠接受「不管誰都是這樣」的訊息為起點，才能自然地、「坦然地」導出從各自的「天賦＝優點」來看更好的訊息。

要說我為什麼會被松下幸之助所說的話吸引，那就是因為他一貫地流露出這般「從理所當然的事情出發」的世界觀。

正因為是從「理所當然」，而不是「徒勞無益」出發，才能不分世代、不分國家，讓每個人都能充分理解與接受。

如前所述，遵循這樣的世界觀來工作，也就能夠獲得成果。這正是應當傳頌給後世的智慧遺產。

那麼，最後再介紹一段與優點更直接相關的話：

以我自己而言，一直以來，作為一個領導者，我都時常將「看見員工的優點，而不是缺點」這件事謹記在心。因為只看優點，將重要任務交付給實力還不足的人，而導致失敗的情況也不能說是沒有，但我覺得並沒有關係。

如果我只看缺點的話，不只沒辦法安心用人，也會因為常常擔心不知道何時會失敗，而覺得很累吧。如此一來，經營事業所需要的勇氣也會變得低落，也不能期待公司、商店會有什麼好發展了。

但幸運的是，比起看到員工的缺點，我更注意員工的優點和才能，所以才能馬上覺得「那個人做得到吧，他很擅長這種事。讓他當主任吧。也可以讓他當部長。就算把一整間公司交給他也沒關係吧。」然後，一點都不擔心地將任務交付給員工。此外，藉著這樣做，每個人也就會自然而然地將各自的力量貢獻給我。

所以，我覺得有下屬的人，要盡可能去看見下屬的優點、活用優點，這是很重要的事。與此同時，如果有缺點的話，也要謹記將其導正。花七成力看到優點，花三成力看到缺點，大致上是這個道理。

當然，當下屬的人也是相同的，要去看到上位者的優點並給予尊敬，有缺點的話就努力補足，把這些放在心上很重要。如果做得到這樣，就能成為更好的部下，也絕對能真正成為在上位者的左右手。豐臣秀吉正是因為專注於主人織田信長的優點，才能夠成功，明智光秀則只看到他的缺點，所以失敗了。還請好好用心體會這個道理。

《生意心得帖》

「花七成力看到優點，花三成力看到缺點。」

因為這段話直接寫出具體的數字，所以應該比之前的訊息更容易深入理解。不過，一旦要實踐，應該幾乎所有人都會有就算知道也很難做到的感覺吧。實際上，第一章所做過的讓自己「正面．聚焦」，在這裡就很重要了。還請實際嘗試，親自體驗看看。

請拿出前面請你寫下的「哪些人和我的工作相關？」的「紙一張」。右半邊應該還空著，請在第一列第三行空格中填入新的主題：

這個人的優點是什麼？

到底要寫誰的優點呢？那就是之前用紅筆圈起來的人。很主觀也沒關係，請在這之中選出你第三難應付的人。最難應付的人，恐怕用接下來介紹的方法是沒辦法面對的。所以還請先選出排在第三的人。

雖說如此，就算是排在第三的人，選出來之後，也可能有人會發出「他根本沒有優點可言」、「我才不想寫這種東西」之類的不平之鳴。

即使如此，還希望你無論如何都花一分鐘的時間，挑戰寫寫看。此外，如果是心裡覺得「沒什麼困難」的人，還請花三分鐘左右來寫。

（請花一分鐘到三分鐘左右書寫，然後繼續閱讀）

20XX.4.XX 和我工作相關的 人是？	○○	這個人的 優點是什麼？	
A部長	△△	可以清楚說明 很難說明的事	
B課長	××	時常把顧客 放在心上	
C某		在公司之外的 人脈很廣	
D某		對成果 絕對不馬虎	
合作廠商E			
合作廠商F			
合作公司G			

圖⓳　寫出難以應付的人的優點

謝你願意進行這項精神負擔十分沉重的作業。

比起在第一章時用正面態度來解釋自己發生的事，這項作業給人的心理負擔應該更大。

到底要如何做，才能更專注於他人的優點呢？

其實有具體的方法可行。

這個方法是應用了心理治療的知識，雖說如此也不是多特別的事情。

跟前面一樣，在行動階段需要做的事只有寫下「紙一張」。那麼，下面就接著為你介紹。

用「紙一張」找出自己難以應付的人的優點

首先請畫出一張三十二格的「工作表1」，用綠筆寫下主題：「為什麼難以應付？」或是「哪裡難以應付？」（如果兩種都寫得出來，也可以兩個都寫上）關於前面選出的「第三難應付的人」，為什麼會讓你覺得難應付，還請儘可能想出理由，並用藍筆寫下來。

同時，我想難應付的人應該也有講過什麼討厭的話、做過什麼討厭的事，如果有這些言行舉止，還請將對方說過的話或做過的事也直接寫出來。

最多寫十五個。請花約三分鐘將左半邊都填滿。雖然這項作業應該比前面更痛苦，但因為之後就會變得輕鬆了，還請無論如何都坦然地試著做看看。

（請花三分鐘左右書寫，然後繼續閱讀）

接下來請拿出紅筆。

請根據以下問題，圈選出符合的三個選項：「覺得特別難應付的理由是什麼？」、「被講了之後覺得特別討厭的話是哪句？」、「對方做過讓你覺得特別討厭的事情是什麼？」請花一分鐘左右完成。

（請花一分鐘左右圈選，然後繼續閱讀）

到此為止雖然很痛苦，不過做的事情本身跟之前是一樣的。

不過，這一次從這裡才要正式開始。

接下來請花三分鐘左右的時間，持續看著前面寫下的「工作表1」（的左半邊）。

真的「只要看著」就好了。

然後，請去感受「覺得火大」、「悲從中來」、「覺得開始胃痛了」等等，看的時候會湧出來的情緒和身體的變化。

寫出覺得「第三難應付的人」之所以難應付的理由，把特別深刻的理由圈起來

20XX.4.XX 為何難以應付？	可怕		
不會看場合	很難搭話		
不知道他到底在想什麼	時常有點驕傲		
冷傲	心裡好像看不起我		
無法對他講出真心話	時常態度冷漠		
過度擅於公司內部的政治	和我不是相同類型		
有時講話很難聽	有時候會看不清周遭狀況		
不懂做不到的人的心情	看不起公司裡的人		

這次試著填滿15個吧！

圖⑳　覺得難以應付的理由是？

不需要去消除湧出的負面情緒和身體的不適感。就這樣持續去感受就好。

雖然是很難熬的三分鐘，不過到此所有的流程就結束。還請不要逃避，試著好好面對。那麼，請試試看吧。

（請花三分鐘左右面對後繼續閱讀）

謝謝你積極地進行這件事到最後。

寫完後伸展放鬆一下吧。看向遠方放空之類的，先暫時從「工作表1」之中抽離。來杯咖啡，或是去個廁所，離開現場也沒關係。

稍待一陣後，還請再次檢視剛才所寫的「工作表1」。你能感受到心境上的變化嗎？

「沒有再感受到像當時一樣的情緒變化了」

「好像已經覺得不怎麼樣了」

「就算一直看還是覺得心平氣和」

如果再看一次時，你有這樣的狀態，那這個作業就算是成功了。

那麼，換成填寫右半邊吧。

請在第一列第三行的空格中，用綠筆寫下「這個人的優點是什麼？」。請花三分鐘左右，像前面一樣，這次改成用藍筆寫出他的優點吧。

（請花三分鐘左右寫出來，然後繼續閱讀）

仔細看過左半邊，過了一陣子之後再把這個人的優點寫出來

20XX.4.XX 為何難以應付？	可怕	這個人的優點是什麼？	在工作方面是模範
不會看場合	很難搭話	可以冷靜地判斷事物	擅長拿捏距離
不知道他到底在想什麼	時常有點驕傲	能夠一視同仁地對待他人	某方面來講很單純
冷傲	心裡好像看不起我	可以把事情講得很清楚	不知為何很有聲望
無法對他講出真心話	時常態度冷漠	有自信	
過度擅於公司內部的政治	和我不是相同類型	不會前後不一致	
有時講話很難聽	有時候會看不清周遭狀況	訂下的目標很好懂	
不懂做不到的人的心情	看不起公司裡的人	在達成成果方面有許多可效仿之處	

比圖19寫得還多也OK！

圖㉑　再來寫出這個人的優點

結果如何呢？

如果，比第一次寫下來的數量還多，那就代表你已順利跟上設計這項作業的用意了。你應該順利地體驗到了吧。

找出優點後，首先試著信任

我曾經有過因為壓力而導致身心崩潰的經驗，所以有一陣子曾專注於學習心理治療。「一日涵養，

一日休養」的「一日」，也正符合我的所學。

雖然我學到很多可以應用一輩子的知識，不過在此只介紹符合本文的其中一項。一言以蔽之，就是：

「只要持續地積極面對，就能夠漸漸消除負面的情緒。」

相反地，

「如果不去面對負面的情緒，而是逃避，它就會緊追著你不放。」

我們總有必須和缺點明顯、難以應付又討厭的人共事的時候。如果因為必須找出對方的優點，無論如何都積極去面對，首先也必須積極面對對方的缺點、難以應付的部分以及對方讓人討厭的地方才行。

這件事本身是一個很痛苦的流程，但做一次也不過花個幾分鐘而已。如果能花這幾分鐘的時間，用自己的意志力去面對，接著就能消除負面的情緒了。如果一次無法消除，就積極多做幾次，一定就能慢慢地讓它散去。

在讓負面情緒消散的狀態下，試著寫出優點的話，就能確實地、一個兩個找到新的優點了。

如果能專注於對方的優點，和對方建立能活用其優點的關係，那也就能減輕感受到的壓力了吧。然後就能更進一步產生出積極的意志力。

如果上司能交付下屬重要任務，下屬也就會「想追隨這位上司」，並且能夠「信賴」對方了不是嗎？

既然講到「交付」、「信賴」等詞彙，以下就介紹松下幸之助與此主題相關的一席話。

雖然有點長，但請以前面所提過的內容為前提，試著細細品味。

我跟形形色色的人一起工作過，和各式各樣的人建立了緣分。在現在這個時間點，我深深體會到：所謂的人類，整體來看果然是很棒的生物；如果給予信賴，必定會有所回報。此外，藉由相互信賴，也能為彼此的物質及精神生活兩方面都帶來好處，人際關係也能夠變得更加圓融。

包含我在內，只有三位親友就開始著手製造電器用品的不久後，發生了這麼一件事。因為全部的工作只有三個人做，實在是快忙不過來，我們第一次另外請了四、五個人來幫忙。但是發生了一個問題。當時所製造的插座等產品，是用混合了瀝青、石綿、石粉之類的材料來製作的。到底該不該傳授他們這個材料的製作方法，這樣的問題浮上了檯面。因為當時這種材料才剛出現，不管是哪間工廠都將製作方法視為機密，只會傳授給兄弟姊妹或親戚等，並由他們來協助作業，這是常見的情況。

但是，當時我是這麼想的。如果像其他工廠一樣將製作方法視為機密，不只作業只能由親友來進行，也必須不讓工廠裡的其他員工看到。這樣實在是很麻煩，效率又差。而且，對於來工廠幫忙工作的夥伴，採取這樣的態度真的好嗎?因此最後，我們也在合適的範圍內將製作方法傳授給員工，請他們協助製造。

對於這個做法，有位同業給了我這樣的忠告：「製作方法有外流的風險，搞不好競爭同業也會增加。這不管是對我們，還是對你自己來說，都會是很大的損失。」雖然我心懷感謝地收下這個忠告，但如果好好傳達這份工作是機密性很重要的工作、好好地拜託對方的話，應該沒有人會輕易背叛的吧。當時我是這樣想的。

最後，很幸運地，沒有任何人把製作方法外流。更重要的是，藉由將重要任務交付給從業員工，他們便能更有幹勁地處理工作，工廠整體的氣氛也變得更加活潑，進而提升工作成果，獲得了很好的結果。

在這之後，我也盡可能信賴員工，很爽快地將工作交付給他們。例如，我將新設的金澤營業處的工作，交給了才剛過二十歲的年輕員工；也將產品開發交給我覺得他做得到的人。一般來說，這些人到最後都會交出超乎我預期的成果。

（中略）

最重要的事，果然是要先信賴對方。雖然就算信賴對方，也可能常會有被騙或是蒙受損失的時候也說不定。但假設真的發生這樣的事，信賴對方還被騙的話，我認為自己若能徹底做到「即使如此，我還是會想信賴他」的程度，意外地就不會有人再騙你了。因為去欺騙相信自己的人這種事，人類的良心是不會允許的吧。

「人類是值得信賴的」，我覺得就是這麼一回事。

《人生心得帖》

沒有什麼比毫無信賴關係的工作方式來得更沒效率又沒產能了。為了不要陷入每天在職場渾渾噩噩、痛苦度日的不幸狀態中，必須專注在他人的優點上，信賴他人。在前面也介紹了為此打造的「紙一張」實踐法。站在為了讓大家更容易感受到作業效果的觀點，這次是用算得上好處理的第三難應付的人作為對象。

在往後實踐時，還請務必嘗試變換不同的對象來進行。

無論如何，不實際試試看的話，是絕對沒辦法實際感受到效果的。這和前面的做法相比，難度可能稍微高一點，但你已經在第一章及第二章中累積了經驗，一定沒問題的。還請務必挑戰看看。

集合眾人的智慧

只靠自己一個人，做什麼事都有極限

比起他人的缺點或難應付的部分，要更注意對方的優點。如果不只是對自己，對於他人也能做到「正面・聚焦」，那接下來要介紹的名言也會變得更容易實踐了。

集合眾人的智慧

這到底是什麼意思呢？首先，還請你先試著閱讀以下文章：

集合眾人的智慧，全體共同經營——這是我作為經營者始終貫徹如一，並持續實行的事。用全員的智慧來經營，能誕生出來的可能性就愈多，可以說公司也愈能夠有所發展。

我會想到要集合眾人的智慧，一方面是因為我自己沒有什麼學問和知識，當下要做什麼也會和大家商量，集合大家的智慧來進行。說是迫於必要也不為過。

不過，就算我今天是個有學問、知識又有手腕的人，我也會覺得這樣「集合眾人的智慧」是非常重要的事。如果不這樣做，就無法獲得真正的成功了吧。

也就是說，不管多麼優秀的人，也不可能超越人類，達到像神一般全知全能的境界。因為自己本身的智慧是有限的。如果只用自己有限的智慧來工作，就會有各種無法考量到的地方，也可能會有偏頗之處，失敗之因往往是這樣種下的。果然就如「三個臭皮匠，勝過一個諸葛亮」這句話所說的，集合多數人的智慧是最好的做法。

《實踐經營哲學》

如果只說「要聽別人說的話」，恐怕大多數的人都不會有所共鳴吧。

不過，如果提到「因為是人類，所以無法達到神一般全知全能的境界的」這個天地自然的常理，也就是加上「從理所當然的事情出發」的濾鏡，大多數的讀者應該都會茅塞頓開。

在本書第一章及第二章中，所收錄整理的都是不會受人左右的內容。正因為是自己能控制的主題，所以有著容易實踐、能夠長久持續下去的優點。

不過，所有事都有正反兩面。

自己能夠解決的反面，也就是只有一個人思考，無論如何都是有極限的。

在第二章曾談到工作上的問題「要如何解決？」這個主題。大家應該還記得吧？

那時我有提到，在無法寫出很多對策的情況下，要多看書來輸入資訊，或是找人商量。

特別是後者「找人商量」的部分，正符合這裡所說的「集合眾人的智慧」。這次就將這個主題進一步擴大吧。

集合眾人智慧的實踐①

請別人幫忙寫下「工作表1」

這裡假設你是一位負責管理十人團隊的課長，要思考「如何減少加班的狀況」。

然而，以課長個人的等級，就算寫出「工作表1」試著思考整理，也一時想不出好提案。像這種時候，要像第二章所說的參考書籍，還是找人商量才好呢……？

反正都要商量了，那就試著直接問苦於加班的當事人看看吧。

這時候，如果你腦海中馬上浮現「就算問他們也沒用」這種想法，就代表你還沒辦法專注在下屬的優點。

所以也就沒辦法「信賴」並將事情「交付」給對方，最後只會把事情都攬在自己身上，累到虛脫。還請實踐前面所介紹過的「紙一張」，讓這個階段過關。

然後，身為課長的你召開了會議，將全體成員十人集合到會議室。如果是平常的你，在這樣的情況下會如何進行會議呢？再繼續往下讀之前，請先試著稍微思考一下。

（暫停一下，想想如果是自己的話會怎麼做，再繼續往下讀）

你會怎麼做呢？

雖然這樣的事常有，但最糟的模式就是突然這樣問：

「那麼，有誰想到什麼的就試著說說看吧。」

在多數會議與開會時，通常主管開頭會說這樣的話，導致現場陷入沉默。氣氛一片尷尬，連一開始本來想說些什麼的人，也會因為這樣的氣氛而很難發聲。

這跟「集合眾人的智慧」是天差地遠的狀況。

「集合眾人的智慧」的第一步，就是要打造讓全部參加者都易於發言的場合。

那麼，要如何做才能打造易於發言的場合呢？有三個重點：

①不要突然叫人發言

②不要叫人單獨發言

③不要只讓一部分說話大聲的人發言

以這三點為前提，接下來將介紹「紙一張」會議術的做法。

首先，主管說明開會的目的，比如「為了減輕整個課的加班情形，所以將大家集合在此」。接著，花五分鐘左右的時間，

請參加的所有成員都寫下「紙一張」

發給大家影印紙，折成一半的A5大小。然後教大家十六格的「工作表1」寫法。因為你前面已經重複寫過好幾次，所以應該很知道該怎麼說明了。

順道一提，近年來還有在紙上書寫的習慣的商業人士愈來愈少，所以不要預設大家都會自己帶著綠、藍、紅色的簽字筆。你可以用經費購買全員份數的筆，如果很難做到的話，用黑筆取代也無妨。

主題請設定為「要怎麼做才能減少加班？」。

然後先用三分鐘的時間，請大家寫出關鍵詞。結束這個步驟後，請提出三個問題，帶領大家進行用圓圈、三角形、方形來圈選。

問題①：（先不管做不做得到）做了之後會最有效果的是哪個？

問題②：看起來好做到、能夠輕易實行的是哪個？

問題③：不只是自己，也能獲得職場同仁贊同的是哪個？

不是所有主題都要使用相同問題，所以這邊的第三個問題和第二章中出現過的不同。這次是以「有效性」、「可行性」、「應用性」這三個觀點來排出優先順序。

其他還有「哪個比較符合職場的氛圍？」的「親和性」、「哪個比較不花錢？」的「經濟性」等考量。

就像這樣，可以有很多問題的切入點。多寫個幾次之後，還請試著建立起專屬自己的問題組合。

總而言之，像這樣寫下去的話，一定會被問到「要如何增加切入點？」這個問題，不過答案都一樣。

我其實希望你可以自己思考，不過簡單來說，就是用「有什麼樣的切入點？」作為主題，再多寫一張「工作表1」就好了。

首先，請寫出本書介紹過的觀點，剩下的空格再補上自己想到的內容。如果沒東西可填，就再回到第二章的「紙一張」學習法就好。

不管什麼時候，遇到不懂的地方都不要試圖只在腦海中解決。培養把它寫下來，用看得到的「紙一張」來處理的習慣吧。

集合眾人智慧的實踐②

帶著「工作表1」開會、交談

那麼，這裡繼續進行「紙一張」會議術的說明。前面已經解決了一開始的問題點：「不要突然叫人發言」。

為什麼這樣會無法提出意見呢？理由很簡單，就是「因為沒有事先針對主題進行思考」。

我想應該會有很多人想說「當然要在開會前先做好這件事吧」。但是，考量到成員每天都有許多其他業務要忙，大多數人都很難找出事先思考的時間。實際的情況就是這樣沒錯。

正因為如此，才會要你在會議一開始留出這樣的時間。即使如此，也大概只要五分鐘到十分鐘左右，我提議將此納入流程是很現實的考量。

那麼，大家完成「工作表1」後要做什麼呢？在這個階段，或許會有人覺得應該每個人輪流進行發表，不過還早呢。

就像第二個問題點「不要叫人單獨發言」所列舉的，日本人十分不擅長個別發表意見。因此，在這裡再多加入一個動作吧。

請將十人分成五人一組的二個小組（分成三組也OK）。

然後，在各組中選出一個人擔任記錄。接著，用十分鐘左右的時間，讓各組成員分別發表自己的「三大減少加班提案」。請讓擔任記錄的人，事先多準備好一張十六格的「工作表1」。這樣一來，接下來只要將各成員的發言記錄下來就好了。

很多時候，成員的發表內容相似度會很高，因為這就是大多數成員覺得「應該執行的對策」，它的優先順序也就會提高了。

總而言之，藉由這個流程，只要聽了五個人發表的內容後再寫下來，就能決定一個小組的「三大減少加班提案」了。這樣的案例實際上也很多。

當然，如果遇到無法做出決定的情況，就請回到基本的「重複提問」步驟來縮小範圍。

藉著這個「以小組來統整」的步驟，就沒有必要突然叫人個別發言了。如此一來，不擅長在人前說話的人會更容易發言，平常只會把意見放在心裡、不發一語的參加者，也就能夠自然提出意見。

如果覺得五個人還是太多，就再減少每組人數也沒關係。還請根據不同狀況，有彈性地進行調整，讓此步驟更容易實行。

集合眾人智慧的實踐③

在全體發表中，自然得出「結論」

經過前面的步驟後，終於來到全體發表的時間。

會議時間只經過了二十分鐘左右，十分有效率。在這個階段中，我們已經在二個小組中分別得出三個，一共六個減少加班的提案。因此，在全體發表的流程中，只要由擔任記錄的人發表就可以了。

然後，這裡的訣竅也是「寫在紙上，將它可視化」。雖說如此，只寫在A4的紙上很難讓其它成員看到。在這裡就使用其它的方法吧。

那就是「活用Power Point」。

在Power Point中做出「工作表1」，然後寫出各組別的「三大減少加班提案」就行了。這次的提案總共有六個，所以只要有八個框格就很夠用。

然後，接下來就是「紙一張」會議術的重頭戲了，和藉著小組進行統整時相同，在很多情況下，不同的二組會提出類似的對策。

這樣一來，第二組在講出類似第一組對策的瞬間，場內氣氛會為之一變。「原來如此，那我們接下來就採用這個對策吧」會像這樣當場形成共識，也就是所謂的「團結意識」。

這就是「眾人的智慧」以可見的形式迸出結晶的瞬間。

正是因為前面採用了「個別↓組別↓全體」的步驟，來反映並統整全員的意見，才能夠實際醞釀出這種氛圍。

因為很明顯地是十個成員以同等重要性思考出的對策，所以甚至不需要再多做討論，寫出來的當下就能「形成共識」，而總共也才不過花了三十分鐘左右的時間而已。

相反地，如果不經過這樣的流程，突然就要求別人發言，通常會演變成平常說話就很大聲的人開始單方面發表起來的情況。

身為課長的你，就只能和說話大聲的人對話，剩下的成員就只好在一邊旁觀。像這樣開會的話不但沒有意義，也會很難形成共識。不過，也有很大的可能性是變成課長擅自做出結論，最後所提出的對策也根本無法實施的情況。

為瞭解決第三個問題點「不要只讓一部分說話大聲的人發言」，還請依照這次所介紹的流程試著做做看。

如此一來，就不會變成「有偏頗的智慧」，而是能真正如字面上所說的集合「眾人的智慧」。

以上就是藉由「紙一張」會議術「集合眾人智慧」的實踐法。在此僅舉一例，實際上還可以考慮做各式各樣的變化。

例如，如果參加會議的人數低於五人，省略分組的流程也沒問題。

相反地，如果是參加者超過一〇〇人的大型會議，將分組的流程分成好幾次來實施應該會比較好。不過，這樣可能會花上太多時間，所以也有必要做些調整，請參加者將個別思考當作事前的課題。

還請用這次的流程當作例子，配合職場的狀況有彈性地應用。

不管到哪兒都要
以近乎煩人的程度糾纏

應該跟客戶建立起什麼樣的關係呢？

到這邊為止，我們已經以「和周遭的溝通」為主題，先介紹了「如何看到對方的優點」，接著介紹「如何集合眾人的智慧」等內容。

最後的第三點，將為你介紹作為商業根基的「和客戶建立關係的方法」。

請先閱讀以下這段表現方式十分獨特的松下幸之助名言：

每到了結婚季節的時候，應該都會有很多不得不把可愛的女兒嫁出家門的雙親吧。希望她無論如何都能健康、幸福地成長，全心全意、細心呵護長大的女兒，已經出落得亭亭玉立，即將踏出通往獨立之路的第一步了。眺望著這樣的女兒時，雙親的心中，一定會不斷浮現出放手的寂寞、祈禱她永遠幸福的心情、有緣獲得新家人的喜悅等等，百感交集。

把女兒嫁出去之後，就會開始在意嫁去的人家的各種事情。「親家的親戚們應該會喜歡她吧？」、「應該有精神飽滿地努力生活吧？」不時都在擔心著像這樣的事情。這就是世間父母的常態吧。

我們在做生意的時候，可以說也是懷抱著同樣的心情。也就是說，我們是把每天經手的商品，當成是自己一路細心呵護長大的女兒。所以，客人來購買商品的時候，就像是把自己的女兒嫁出去一樣，讓顧客和自己的店彼此成為了新的家人。因為可愛的女兒嫁過去的對象就是我們的顧客。

這麼一想，也就會理所當然地在意起那位顧客的事，以及交付的商品狀況了不是嗎？

「應該有受到那戶人家的喜愛與使用吧？」、「應該沒有故障吧？」之類，甚至是「正好到附近來，就稍微順道去看一下情況如何吧。」像這樣，自然而然地就會湧出像是對待自己女兒嫁去的親家般的感情。

以這樣的想法來經營每天的生意，和客戶間的連結就會超越單純的生意，產生更深層的信賴關係。這樣不只客戶會高興，還能進一步為商家帶來繁榮。

請務必再一次檢視，我們是否有將商品當成自己的女兒、將顧客當成自己的親人，站在將其視為家人的立場經營每天的生意。

《生意心得帖》

我覺得這段內容很獨特，讓人一讀過就印象深刻。

不過，這和我一直希望大家能持續掌握的本質相同，是從「自然的法則」出發。

以這次的例子而言，他先舉出了「嫁女兒的心情」這個誰都能想像、有所共鳴的例子。像這樣確認「什麼才是理所當然的事」之後，再將其試著應用在生意上。如此一來，就能自然而然地講出這件事，這段話也就成立了。

這段訊息本身，簡單來講就是在說「要珍惜和客戶之間的連結」；但「儘可能從不言自明的簡單內容出發，講清楚、說明白」，這樣的思考迴路是很重要的。

我認為賣弄艱澀的用詞，或是炫耀知識含量的行為，並不是真正有智慧的態度。至少，這很明顯並不是實踐的智慧。

如果你想獲得能夠活用在工作中的真知灼見，還請務必將松下幸之助這樣充滿智慧的姿態，透過這次的閱讀來牢牢記在自己心中。

這裡再介紹一段文字，談的是跟客戶及社會之間「無形的契約」：

要怎麼樣才能做到適當的生產銷售，既不會過剩但又不會存貨不足呢？雖然這真的是一個很難的問題，但我想，以下的思考方式或許能做到。

那就是，就算沒有預約訂單、沒有任何書面契約，我們和會來購買商品的社會大眾之間，還是存在著一個契約。這是一個看不見的契約，也就是無形的契約，是基於「社會大眾無論何時都能自由購買本公司的商品」這個前提而成立的。將這樣的需求或需要解釋為無形的契約，然後按照期待來供給，這是身為生產者及販售業者應有的義務感。

因此，假設是要增加製造或販售，或是建立新的設備或工廠，我不會毫無自覺地去執行。就算沒有真的收到什麼預約訂單，我也會假設會有更多的人需要這項產品，將其解釋成已經下了預約訂單的契約，並且讓這個契約成立——我是以這樣的義務感作為立足點來工作的。當你貫徹這個解釋時，就會湧生出信念，催生出生意上所需的強勁力量。

我始終抱持一貫的信念，盡自己所能去感知這種無形的契約，就這樣一路走到現在。並藉此，在某個從三千萬，或是五億，增加到一百億、一千億供需量的過程中，還是能夠盡到毫無過與不及地供給的義務。

《經營心得帖》

跟前面的內容很不同，這是段相當宏觀的文章。

雖然本書並沒有特意去找比較微觀或宏觀的內容。

姑且可以說，正是因為有來自客戶的需求，也就是需要，才會在工作上做出這樣的判斷。然後，所謂來自客戶的需求，大多是以看不見的「無形」形式存在的。

因此，為了能掌握客戶無形的需求，必須要有相當程度的意識才行。

只要能理解以上三個重點，就很足夠了。以此為前提，關於「那麼，要怎樣做才能變得對無形的需求有所意識呢？」這一點，接著將引用別的名言來加以解說。

以下介紹的是我想直接以「紙一張」實踐法來進行的一段話：

孩子會纏著父母。近乎煩人地纏著。雖然有時候也會希望他能閉上嘴，但即使如此，被纏著果然還是會覺得很可愛、很開心。

自己所製作的產品、自己所販售的商品、自己所做過的工作，即使做完、賣完、完成了，也還是會留在心上。不管是社會或是工作，都沒辦法就這樣置之不理。如果我們認真地製作、誠實地販售，並對工作真誠熱心的話，就會想好好看清產品、商品以及工作接下來的發展。

不只是如此，無論去哪裡、無論何時，都會想要纏著不放。進廚房的話就跟到廚房，到客廳的話就跟到客廳，去國外的話就跟到國外，不管到哪裡都會想近乎煩人地纏著。使用的情況如何呢？感覺怎麼樣呢？有沒有不方便的地方呢？有沒有故障呢？

就算有時候到了讓人想說閉嘴的程度，這份在意工作成果的認真與誠意，還是會為我們帶來喜悅和感激。

抱著這樣的心態，我們就會想要去製作、去販售，想要拚命地做好工作。

《路是無限寬廣》

在進入內容的解說之前，請讓我再稍微多說幾句話。

這個「糾纏」的故事，是在非常不可思議的情形之下刊載在此處的。

其實，在本書的原稿將近完成的時候，有一個部分還是完全空白的，那就是你現在正在閱讀的此處內容。

「該怎麼寫才好？」、「該以哪段名言作為出發點？」我東想西想、不斷思索，但還是持續著無解的狀況。

這時為了轉換心情，我到了東京新宿的紀伊國屋書店。我一邊聽著我在這個時期可說是外出必備的《路是無限寬廣》有聲書，一邊走著；進入書店之後也一邊放著聽，一邊在書店裡漫步。

當我在三樓的商管書區四處翻翻有沒有什麼好書的時候，瞥見了實體版的《路是無限寬廣》。

所以我把書拿在手上，打開來稍微看了一下……

某頁的標題映入了我的眼簾。

然後在那個瞬間，我從有聲書的音檔中聽到了幾乎和那頁標題完全一樣的聲音。

就這麼巧在這個時間、這個地點，我翻開的書頁和所聽到的聲音完全同步了。真的是奇蹟的一瞬間。

這個詞正是「糾纏」。

「這個偶然的同步，應該是有什麼意義的吧。」

這麼想的瞬間，答案很快地就出來了。

難道說填補這本書空白處的關鍵詞，就是這個「糾纏」嗎？簡直就像是有什麼看不見的東西推了我一把，讓我把這本書完成一樣；經過這個不可思議的過程之後，我就完成了這個部分。

「糾纏」的實踐①

寫出客戶的「名字」

那麼，就來說說「糾纏」。

近乎糾纏地關心客戶、傾聽客戶，並回應客戶的需求。

換句話說，就是「客戶第一」的意思。不過，如果只寫成這樣的話，那就會變成無法引起共鳴，也無法喚起注意的陳腔濫調了。

應該有大半的讀者會覺得這個觀點也太老套，但愈是這樣想的讀者，我愈希望你能好好寫下接下來要介紹的「紙一張」。

那麼，請先迅速用綠筆畫出三十二格的「工作表1」。

主題為「你的客戶是誰？」。寫下日期和主題後，請用藍筆將客戶的名字寫出來。時間只要三分鐘就夠了。

如果你的客戶有三十一位以上，那就先姑且寫上填滿空格的人數即可。相反地，如果客戶不到三十一位，全部寫上後還有空格或是還有時間的話，那就直接結束也沒關係。

（請花三分鐘左右書寫，然後繼續閱讀）

接著就要進入紅筆的流程了，不過在這之前，我想問一個讓你能意識到問題點的重要提問。

「所有客戶的名字，你都能正確地寫出全名嗎？」

因為時間很短，現在用藍筆寫出的名字，你可能只是大概寫一下，或是只寫稱呼，並沒有正確地寫下全名。

現在再多給你五分鐘，請仔細、正確地用紅筆將每個人的名字一個個訂正好

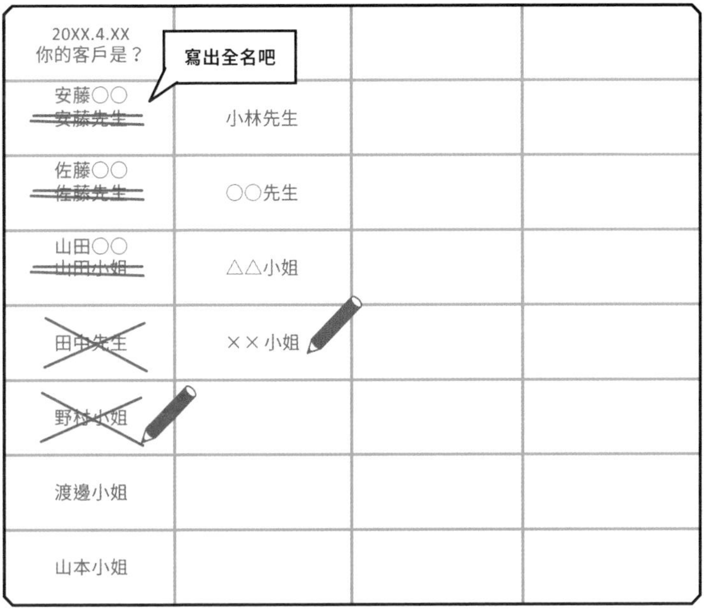

20XX.4.XX 你的客戶是？ 寫出全名吧			
安藤○○ ~~安藤先生~~	小林先生		
佐藤○○ ~~佐藤先生~~	○○先生		
山田○○ ~~山田小姐~~	△△小姐		
~~田中先生~~	××小姐		
~~野林小姐~~			
渡邊小姐			
山本小姐			

圖㉒ 寫出客戶的名字

（直接在上面訂正就即可）。

另一方面，如果你不知道那個人正確的名字怎麼寫，就請在上頭打叉。那麼，請試試看吧。

（請花五分鐘左右進行，然後繼續閱讀）

雖然說，對客戶的態度就是要「珍惜客戶」，但細分的話，則會有各式各樣的階段。

如果以在本書中不斷登場的思考法，也就是「總是理所當然＝盡可能從根本出發」來看的話，「正確記住重要人物的名字，是很自然的事」不是嗎？

正因如此，實踐「珍惜客戶」的第一步，似乎還是要從「正確寫出客戶的名字」開始。

試著寫了之後結果如何呢？

雖然狀況因人而異，但應該幾乎沒有全部都能寫對的人吧。

另一方面，寫得出來的人看到我說的話，應該會這樣想：「應該幾乎沒有？原來大多數人連這種基本的事情都做不到嗎？」

事實就是如此。

能否做好工作的差別，就在於能將這種基本的事情視為多理所當然；光憑這點，就已經決定好所有的勝負了。

正因為如此，愈是寫不出來的人，希望你愈不要怠忽這個作業。還請面對寫不出來的事實，並藉此機會重新審視自己和客戶的關係。這應該會是個發現問題點的好機會。

「糾纏」的實踐②

對客戶抱持關心

那麼，要怎麼重新審視呢？

我們再寫一個「紙一張」看看吧。

請製作三十二格的「工作表1」，挑出前面沒能寫出正確名字的客戶之一，在主題的地方寫上他的名字。

假設是A先生好了，就請寫上「A先生是什麼樣的人？」。

然後，請盡可能試著寫出浮現在你腦海中關於A先生的各種關鍵字。年齡、家鄉、家庭、個性、生日、興趣等等，將空格填滿。資訊的細節也請逐一寫進去。

時間請設定三分鐘左右。那麼，請試試看吧。

（請花三分鐘左右書寫，然後繼續閱讀）

20XX.4.XX A先生是 什麼樣的人？	3月出生	喜歡旅行	
35歲	興趣是戶外活動	在京都念大學	
來自神奈川縣	喜歡打保齡球	參加過網球社	
老家在橫濱	工作很認真	會說英文	
有個哥哥	喜歡喝酒聚會	意外地擅長運動	
很大方	喜歡看書	有2位下屬	
溫柔	堅持戴眼鏡	回信很快	
有時很毒舌	有小孩		

填寫的格數
＝對A先生的關心

圖㉓　客戶A先生是什麼樣的人？

你寫得出很多個嗎？

如果，連一半空格都沒填滿，那就要進到實踐「珍惜客戶」的第二步。

也就是讓自己能更順利地寫出資訊，做到「對客戶抱持關心」這件事。如果能對客戶抱持關心，和客戶之間有好好溝通的話，應該寫出三十個都不成問題。不，應該說寫得出來是理所當然的事。

如果你甚至覺得「六十四格都不夠寫」，那就可以說是十足地「對客戶抱持關心」了。

從明天開始，還請以將現在所寫的「工作表1」的空白處全部填滿為目標，好好地和客戶溝通。不能只是漫無目的地和對方建立關係，而是要在腦海中浮現「紙一張」，一邊想著「有什麼新資訊可以填進去呢？」，一邊和對方交談。

從旁人看來，或許會覺得你和客戶的關係好像什麼都沒有改變；不過實際執行的本人，應該能獲得完全不同的感受。

「原來實踐『對客戶抱持關心』是這麼一回事啊！」也有不少聽講者表示，他們有生以來第一次掌握到這種感覺。

然後，在和對方碰面數次、聊了各式各樣的事情之後，請試著以相同主題再寫一次「工作表1」。數量應該就會比當初增加了。

將「對客戶抱持關心」的心態，藉由寫下「紙一張」來化為看得到的具體行動吧。

「糾纏」的實踐③

找出客戶的煩惱

經過了前面的流程之後，終於來到實踐步驟三了。如果對客戶抱持關心的話，最後一定會接觸到「客戶有什麼煩惱？」、「客戶的期望是什麼？」。

你應該已經知道為什麼了吧。

全都是為了「對成長發展有所貢獻」。

為瞭解決客戶的問題、實現客戶的願望，在成長・發展上出一份力，在本章中還請以「紙一張」這個方法再次進行確認。

那麼，就請以「A先生的煩惱」為主題，試著寫出六十四格的「工作表1」。

我沒有寫錯，而是很認真地在請你製作六十四格的工作表。

從現在開始留出十分鐘左右的時間，還請試著寫出最多六十三個「A先生的煩惱」。

20XX.4.XX A先生的煩惱	想培養下屬	……	……	……	……	……	……
人手不足	想出人頭地	……	……	……	……	……	……
沒有時間	想重新學習	……	……	……	……	……	……
想和孩子一起玩	想去旅行	……	……	……	……	……	……
想多運動	○○	……	……	……	……	……	××
想喝酒	△△	……	……	……	……	……	△△
想買書	××	……	……	……			○○
想要眼鏡	……	……	……	……	……	……	想早起

這次試著把63格都填滿吧！

圖24 客戶A先生的煩惱

如果要延長時間，請控制在十五分鐘以內。超過時間恐怕就沒辦法繼續集中精神，所以請時間一到就停止。

（請花十分鐘左右書寫，然後繼續閱讀）

空格那麼多，你可能會寫出很多很瑣碎，或是很雷同的事情。甚至連自己在工作上幫不上忙的事情也都會寫出來。

但還是希望你能儘可能

地寫多一點，因為這正是重點所在。

微不足道的事、只有本人才知道的事，根據情況不同，你或許還能掌握到連本人都不知道的小煩惱。

這樣的話對客戶而言，你就成了不可或缺的重要存在了。

正因為如此，希望你不要想著「要寫那麼多實在做不到」而放棄，而是抱著能把它填滿的打算，「糾纏」著客戶。

如果不管怎樣都無法填滿，就趕快跟客戶碰個面吧。直接碰面，問他有什麼煩惱。如果沒有辦法提問，就請回到實踐二的「對客戶抱持關心」，從閒聊開始也沒關係。

如果不在實踐二的階段，在腦海中記住對方的詳細資訊，就沒辦法接觸到那些枝微末節的煩惱以及其背後的真正意義了。

以上所提出的，就是盡可能從本質出發，使用「紙一張」改善和客戶關係的提案。

一如往常地，這在技術層面簡單到讓人大失所望，但支撐在背後的是到目前為止所介紹過的眾多名言。作為其根基的是一種單純卻又深遠的世界觀。

正因為是這些作為實踐的基礎，即使只是簡單的動作，也能夠學得到有意義的東西。

我常常舉一個例子。

不管是業餘棒球選手，或是專業棒球選手，「投球」、「揮棒」等，大致上來看並沒有多大的差別。

但在品質或是結果上卻會完全不同，其差別就在於能看清怎麼樣的脈絡，以及能夠以多深遠的世界觀來做到這件事。

透過松下幸之助，請成為一位不看輕簡單的事情，而是能看清其背後重要價值及意義所在的商業人士。

要抱持惹君王生氣的覺悟，坦率諫言

有「不能讓步的事物」是必要的

最後，我要講的不是訣竅，而是要平衡論點的內容，來為本章作結。

首先，還請試著閱讀以下的文章：

從現在往回算的二十二年前（昭和二十六年），我第一次前往歐洲，聽到某間大公司的社長說了這樣的話。

「松下先生，我覺得消費者就是君王，我們的公司則是為君王工作的家臣。因此，作為君王的客戶所說的話，不管有多不合理都還是非聽不可。這是我們的義務所在。我一直以來都是採取這樣的方針來工作。」

「消費者就是王」這句話如今在日本常被提到，不過二十二年前我聽到時感到非常新鮮，內心想著：「原來如此，的確是這樣沒錯。真是非常徹底的思考方法啊。」

不過，於此同時，我又有了以下的想法。在過去，如果君王毫不考慮家臣或子民的感受，家臣和子民就會喪失歡喜工作的幹勁，變得瀕臨貧困。最後，也有不少國家也會因而變得窮困。因此，如果君王只照自己高興來行動，最後反而會為君王自己帶來困擾。

因此，不管君王說了多不合理的話都要聽從，這或許是一種忠義的表現；但如果是真正的家臣，為了不要讓君王做出錯的決定，還必須進到進獻忠言的責任。為此，要抱持著惹君王生氣的覺悟坦率諫言才行。像這樣努力讓君王成為能同理他人的明君，才真正稱得上是為君王著想的忠臣或子民。

最近，消費者的立場愈來愈受到重視，我覺得這當然是一件好事；不過正因為如此，我也想再次思考「消費者就是王」的真正意義。然後，和客戶一同成為明君和忠臣，才能為國家社會帶來真正的繁榮，我是這麼想的。

《生意心得帖》

在本篇一開頭我提到「要平衡論點」。我是在憂慮什麼呢？

如果，第三章在前一段就結束的話，應該會有人不小心用很極端的方式來解讀吧。

我絕對不是要用「客人就是神」這樣的金科玉律為基礎，講些「滅私奉公」、「自我犧牲」、「服從、隸屬」之類太過火的話。我們並不是客戶君王的「奴隸」，而是「忠臣」才對。

「奴隸」只會凡事說好，「忠臣」則是會向君王坦率諫言。

我認為這裡使用「忠臣」一詞，可以表現出兩者微妙的差別，你覺得如何呢？

一般情況下，「不要淪為客人的奴隸」這樣的用語，會廣為流傳。

但另一方面，「那麼，該怎麼做才好？」這個問題，卻很少會聽到熟悉的解答。

另外，因為惡意客訴和缺乏常識的客人也增加了，像「怪獸客人」這種詞彙也變得很普及。

到底為什麼這樣子的客人會增加呢？關於這個問題，這次的名言將帶給我們令人茅塞頓開的解答。

讓原本是「君王」的客人變成怪獸，問題正在於企業方不是以「忠臣」，而是以「奴隸」般的姿態來應對的緣故。

以這樣的角度來看，就能發現從一般角度看不到的新鮮體會。這到底是否正確，我覺得是依不同情況而定，不過如果不懂「忠臣」這個關鍵詞的話，應該就連這個概念都無法發想了吧。

這個概念也可以跟序章介紹過的商管書潮流相呼應。

對於讀者這個「君王」的要求，像「奴隸」一般順從的結果，就是造成了商管書的「用圖解．故事．漫畫搞懂」之亂。

如果真的為了君王好，就算被拒於門外，也應該要持續進言「行動第一」的重要性才是。我也多少期盼自己能成為讀者的「忠臣」，並從以前到現在都以這樣的態度持續著作。

那麼，這裡再介紹一個「關於打折的客戶心聲」的故事：

想要讓生意成功，說服力非常重要。

假設店裡來了客人，客人說：「你們家的產品很貴耶。其他家店不是打八五折賣嗎？為什麼你們家只打九折呢？」但如果打到八五折那麼多，店就經營不下去了。總不能讓店開不下去；然而如果直接對客人說「沒辦法」的話，客人就要跑去別家店了。

所以無論如何，都必須說服那個人才行。「這個價格已經是維持本店經營的最低價，再打更多折的話我們自己就會賠錢，是會大失血的。希望你能以這個價格購買。作為交換，我們可以提供完整服務以及其他保障。」必須將這樣的事情作為自己客觀上的優勢，好好地說服對方。

（中略）

用自己客觀上的優勢說服對方，我想十個人之中會有九個人都能有所共鳴。這就是所謂的人間事態了吧。

所以，假設無法這樣說服客戶、無法讓客戶有所共鳴，從嚴格的角度來看，在做生意上可以說是不合格的。這樣到最後，不只會讓自己困擾，也會給別人帶來麻煩。

我認為，現在正到了該以這樣嚴格的標準審視自己的時期。

《經營心得帖》

不僅僅是聽見客戶的心聲再做出回應，有時候也需要拿出強硬的態度。那麼，到底要如何做，才能在自己的工作方式中形成這般貫徹的道理呢？以跟價格有關的故事來說明固然容易理解，但可能會讓內容變得很侷限，所以在此要介紹一個適用範圍更廣的關鍵詞：

老實說，我在開創事業的最一開始，並沒有抱持著什麼明確的經營理念來工作。這份工作原本是為了混口飯吃，和太太、小舅子三人一起以十分謙遜的姿態起步的，當初根本沒想過什麼經營理念。當然，為了做生意，我也思考了各式各樣如何讓生意成功的方式。不過，當時只是遵循著社會的常理和做生意的普遍觀念，想著：「一定要製作出好東西。一定要好好學習。一定要珍惜客戶。一定要對供應商心懷感謝。」並拚命地貫徹這些理念。

以這樣的姿態將生意發展到一定程度之後，參與其中的人也變得愈來愈多了。到了這個時候，我才開始思考：「做生意應該不能只憑普遍觀念吧？」也就是說，遵循做生意的普遍觀念和社會常理、拚命努力固然非常重要；但要闖出一番大事業，就不能只有這樣，而是要思考到底是為了什麼在經營這番事業，思考何謂更高層次的「生產者的使命」。

因此，關於我所思考出的這個使命，我不只對員工發表，一直以來也以其作為公司的經營基本方針，經營事業至今。

那時還是戰前的昭和七年，不過在得出這樣一個明確的經營理念後，我本身也獲得了要比以前來得更堅強的信念。不管是對員工或是客戶，都能說出該說的話、做好該做的事，變得更強而有力地經營事業。此外，員工聽到我的話也大受感動，心中燃燒起使命感，工作態度也煥然一新。一言以蔽之，這樣的狀態說是將靈魂投入經營之中也不為過。在那之後，我們的事業也有了驚人的急速發展。

《實踐經營哲學》

為了不淪為君王（客戶）的奴隸，有「不能讓步的事物」是必要的。

代表性的事物之一，就是公司的經營理念。

關於「要怎樣才能擁有理念」，無法用一本書就概括，也不可能光用文字就表現出來，所以此處的內容是以「已經有公司理念」為前提來敘述。

正是遵循理念來工作，才能做出強而有力的判斷，也才能擁有時時向客戶進言、點出「這件事不是這樣」的意志。

作為其根源和基石的，正是理念。能否打從心裡接納理念，攸關能否在與客戶的關係上取得平衡，非常重要。

用「紙一張」掌握公司的經營理念

那麼，就來進行第三章最後的「紙一張」吧。

請製作一張十六格的「工作表1」。

主題很顯然就是「你公司（組織）的理念為何？」。

還請花三分鐘左右的時間，將和你公司理念有關的關鍵詞寫下來。

如果「理念」很難想的話，換成「公司規劃」、「綱領」、「願景」、「任務」也沒關係。

雖然有各式各樣的用詞，但總之，就是寫下和公司所重視的價值觀及思考方式有關的關鍵詞。

（請花三分鐘左右書寫，然後繼續閱讀）

你應該已經順利寫好了吧。

如果寫不出來，先將公司的理念以關鍵詞作為單位劃分，從可以容易下筆的地方開始吧。

還請在公司網站上確認公司理念的全文，挑出關鍵字後，用紅筆追加在空白的框格中。

然後，一天一次就好，重新檢視這次寫下的「工作表1」。如果能持續這個習慣三天、甚至三週的話，就可以讓它慢慢留在你的記憶中了。

實踐的訣竅在於「不用完完整整地背下來」。

特別是公司理念的介紹寫得特別長的時候，請以關鍵詞為單位來記住。如果寫得很長的話，要整篇記下來是不可能的。

使用重要的關鍵字，一定程度地以自己的話來將其重現。這樣做比較能夠作為「自己的事情」來掌握，理念也會變得更平易近人。

另一方面，如果你是經營者的話，還請盡可能將公司理念設定得短一點、簡單一點。

作為參考，我擔任代表的「一枚」WORKS株式會社（1 Sheet Frame Works）的理念是：

用「紙一張」讓自力與自信閃耀

我用這樣一句話濃縮公司理念，並作為每日工作的根基。

敝社所使用的這種類似俳句的風格，不但有節奏感、好記，又能將背後的脈絡做相當好的整合，我十分推薦。

這就是使用「紙一張」將理念落實於自己的判斷基準中的方法。敬請細細品味目前為止所說過的內容，並在每日的工作中派上用場。

終章

以最重要的關鍵詞總結

在最後一章，終於要觸及松下幸之助所留給世人的最重要的「那句話」。

到目前為止我們所學過的一切，說是為了達成這句話的準備階段也不為過。那就讓我為你介紹吧。

為了將松下幸之助的世界觀深植於自己的工作方式中，最重要的關鍵詞就是……

坦率的心

「坦率」——松下幸之助視為最重要的關鍵詞

首先，讓我介紹一段關於「坦率」的文章：

經營者在持續經營的途中，有各式各樣重要事情需要事先謹記在心。而作為基礎中的基礎，也是我自己一直以來都在思考、努力的，就是擁有一顆坦率的心。如果經營者能從坦率的心起步，到目前為止所說的事（註：《實踐經營哲學》一書中所說過的自己的經營理念、經營哲學）就會自然而然地誕生；如果經營時欠缺坦率的心，那是絕對無法長期發展下去的。

所謂坦率的心，換句話說，就是不受到囚禁的心。也就是不受到自己的利害關係、感情、知識或先入為主的觀念囚禁，能看見事物原有樣貌的心。人類的心如果受到囚禁，就無法看清事物的原有樣貌了。打個比方，就像是想透過有色或歪曲的鏡片來看東西一樣。假設是用紅色鏡片來看的話，就算是白紙，看在眼中也會是紅色的。如果是透過歪曲的鏡片來看，筆直的木棒看起來也會是彎的吧。就會像這樣，無法正確掌握事物的實際情況以及真實樣貌。因此，用被囚禁的心來面對事物，就很容易判斷錯誤，做出錯誤的行動。

與此相反，坦率的心就像是透過透明無色、沒有歪曲的鏡片來看東西，白色就是白色、筆直的東西就是筆直的東西，是能夠看到事物原貌的心。因此也就能知道真實的姿態，以及事物的實際情況。用這樣的心來看東西、來做事，不管是什麼場合，都能保持在錯誤相對較少的狀態。

所謂的經營，就是遵從天地自然之理、傾聽社會大眾之聲，集合公司內眾人智慧做該做的事，如此一來必定能成功。這絕對不是件困難的事情。但要做到這樣，經營者一定要有一顆坦率的心。

《實踐經營哲學》

其實，在本書一開頭，我就已經用了好幾次「坦率」這個詞了。而且，還特別加上引號來強調。

如果你之前對「為什麼每次講到坦率都要加上引號」這件事感到不可思議，正是你有好好細讀本書的證據。

之所以要加上引號特地強調的理由，就是想表達：如果做不到這件事，就會難以實踐在本書中所學到的內容。

我們再將最後一部分摘錄出來看看。

所謂的經營，就是遵從天地自然之理、傾聽社會大眾之聲，集合公司內眾人智慧做該做的事，如此一來必定能成功。這絕對不是件困難的事情。但要做到這樣，經營者一定要有一顆坦率的心。

這三句話彷彿濃縮了本書的內容，不過這次希望你特別注意的是最後一句。正如松下幸之助所說的，要先有一顆「坦率的心」，才有辦法做到目前為止所說過的事。

例如第一章中所說到的「正面．聚焦」，在我實際教課時發生過這麼一件事：

有的聽講者會好好按照我說的方式寫出了「工作表1」。

但卻有聽講者畫線的順序跟我教的不一樣。

接著用藍筆來寫出關鍵字的時候也是，無論我說了多少次「請由上到下寫出來」，還是會分成有好好照著做的人，以及「從左寫到右」、「隨意填寫」等，不按照我所教的方式來寫的人。

即使訂下「寫出關鍵字時用藍筆，之後再用紅筆來統整」的規則，也已經準備好三種顏色的筆，不管怎樣還是會出現全部都用綠筆寫，或是用綠筆取代藍筆來使用的人。

即使說了「請在最左上方的空格中寫下日期和主題」，甚至還是會有沒寫日期，或是根據情況不同，覺得「反正我知道」而不寫主題就完成「工作表1」的人存在。

到底為什麼無法按照我教的來做呢？

到目前為止接觸了七〇〇〇名以上的聽講者之後，我將理由歸納成一句簡單的話：「因為不夠坦率。」

明明只要按照我所教的來做，就能更輕易地掌握……

為什麼非得特地用更難、更複雜，反而更無法做到的方式來做不可呢……

某次，發生了一件十分具有象徵性的事。在我的講座中，年紀最小的是一位十四歲的女孩，我發現和大人一起聽講的她有個優點。

那就是，她比周圍所有大人都要來得絕對「坦率」。

因此，不管是哪項作業，她都是最快完成的一個，發表完成的「紙一張」時也是最好懂的一個。我們這些大人，到底是從什麼時候開始失去了這份「坦率」呢？

為了誤解，我想補充說明，松下幸之助所說的「坦率」，並不是「人家說什麼就做什麼」這樣單純的概念。但即使如此，在這裡作為例子的女孩的「坦率」，也充分代表了它的其中一部分。

在這裡再介紹一段跟「坦率」有關的松下幸之助名言。

我想到這邊你也已經能逐漸調整自己的心態了，所以還請務必仔細閱讀，進一步深入理解。

逆境——這是上天賦予人類的可貴試煉，受到境遇鍛練過的人才能擁有真正的強韌。自古以來，偉大的人都會有許多在逆境之中，以不屈不撓的精神生存下來的經驗。

逆境真的很可貴。不過，將逆境看得太過可貴，想法受到束縛，先入為主地認為沒有經歷過逆境就不算是個完整的人，難道不是一種偏見嗎？

逆境很可貴，而順境也很可貴。簡而言之，不管是逆境或順境，人都要在被賦予的境遇之下坦率地活下去，而且千萬不能忘記一顆謙遜的心。

如果失去坦率的心，逆境會導致自卑，順境會招來自傲。這點無論是逆境、順境都是一樣的。這是上天在特定時刻賜給某個特定的人的命運之一。對於這樣的境遇只須坦率處之。

坦率能讓人變得強韌又睿智。能在逆境中坦率生存的人、能在順境中坦率成長的人，就算所走的道路有所不同，也能具備同樣的強韌與睿智。

希望我們不要受到束縛，也不要過於輕忽，坦率地在這樣的境遇之中生存下去。

《路是無限寬廣》

關鍵在於「中立」

讀了松下幸之助的這段話，或許也會有讀者感到很混亂也說不定。

這是理所當然的。因為這段內容正是本書中最抽象、最難理解之處。還請以最大限度的集中力繼續閱讀下去。

我在此想討論的主題是「正面．聚焦」和「坦率」的相關性。

還請回想一下第一章。

我們在前面曾以「昨天發生的事」為主題寫下「工作表1」，練習如何多以正面的態度來看待事情。

先假設你用藍筆寫下了十三個關鍵詞，並用紅筆圈起了其中四個關鍵詞吧。

在這之後，反覆閱讀松下幸之助的名言，在對他的世界觀抱持著一定印象的狀態下，試著讓自己能多圈出一兩件能以正面態度看待的事情——這是我們實踐的方法。

說實話，這個實踐法只不過是「初級」的程度。

在「中級」程度的實踐法中，只需要再多增加一個步驟。

具體而言，就是在寫出所有的關鍵字後，請你試著小小聲地對自己說：

「我是在十三個關鍵詞中可以用正面態度看待其中四個的人。而且藉由接觸松下幸之助的名言，還可以再多圈出二個。我現在已經是這樣的人了。」

像這樣，不管是講出聲來或是在心裡默念都可以。希望你能將透過寫出「紙一張」達成的事實，自然而然地化為言語。

這個新加上的流程，其實並不是「正面．聚焦」。

雖說如此，這也不是叫你有「只找得出四個能正面看待的關鍵詞。總覺得自己很失敗」這種負面想法。

而是客觀地審視自己，單純掌握事實的現狀。

在本書中，將此稱為「中立」的狀態。

「正面・聚焦」確實很重要。

然而，超越「正面・聚焦」更加重要。

這指的就是既非正面，也非負面，「中立＝坦率且客觀地掌握事物的狀態」。

「在紙上寫出的東西」是中立的＝培養坦率的程度

這裡再介紹一段松下幸之助的名言。

主題是「自我省思」。

這可能並非你聽慣的詞彙，不過如果依循著到目前為止的脈絡來閱讀的話，

應該就能充分理解了。

想擁有充實的人生，絕對不能忘記的事情之一就是：自己是否足夠瞭解自己、是否能正確掌握自己所擁有的特質、天賦及能力等。如果能正確認識自己，就不會自傲或自卑，也就更容易發揮自己所擁有的特質和能力。人類所欽羨的成功之姿便是誕生於此。

（中略）

所謂「瞭解自己」這件事，出乎意料地困難。因為是自己的事情，所以自己應該是最瞭解的人才對；但實際上，人們常常會沒發現到自己的優點，或是相反地，對自己的實力有過高的評價。

不過，不管有多麼困難，我們果然還是都得努力正確認識自己才行。那麼，該怎麼做才好？

對此，我一直都把「自我省思」惦記在心，也時常建議人們要這麼做。具體到底要怎麼做呢？那就是試著旁觀地、冷靜地用自己對待他人的態度來觀察自己。換句話說，自己的心能夠有多旁觀，就用那顆旁觀的心來審視自己。

雖說如此，要讓自己的心完完全全處於旁觀的立場，實際上是做不到的。不過，還是要用這樣彷彿旁觀者的心境，試著客觀地審視自己。這就是我所說的自我省思，如果做得到，就能相對正確地掌握自己的樣貌。

《人生心得帖》

為了能用坦率的心、中立的狀態來認識自己，必須客觀審視才行。

雖然松下幸之助使用了「自我省思」這個詞彙，也說了「讓自己的心旁觀」這件事是做不到的；但如果是閱讀了本書的讀者，應該會想著「做得到」吧。

那就對了！

讓自己的心暫且當個旁觀者，並試著用這樣旁觀的心來審視自己。

簡而言之，就是：

試著寫在紙上看看。

不是嗎？

藉由本書，你應該已經寫了合計十五張的「紙一張」了。如果改變一下看法，這也可以說是藉由各式各樣的主題，將你腦海中的資訊「一吐為快」。

藉由製作「工作表１」，寫出腦海中的資訊再一吐為快。如果用稍微商業一點的說法來講的話，就是「輸出」（OUTPUT）。重複這樣的步驟之後，你的腦海中就能感受到一片「清澄」。

事實上，這種暫時性的「清澄」，正是令人能變得「中立」的前提條件。也就是說，只要透過這項貫徹本書的作業，就能做好培養「坦率」的事前準備。

然後，用清澄的頭腦再次審視之前所製作的「紙一張」，就能更容易地「用彷彿旁觀的心境，試著客觀地審視自己」。

接續著「坦率」，還有一個稱為「先於是非善惡」的詞彙。還請試著閱讀以下這段文章：

這個大自然，不管是山川還是海洋，全部都是藉由某種力量的鏈結而構成的。在這之中生長的萬物，鳥是鳥、狗是狗、人是人，所有命運都是天註定的。

這是超脫好壞、先於是非善惡的問題，命運就是像這樣已經設定好的東西。在人類之中，個別來看的話，大家也都被賦予了形形色色的命運。有人天生就擁有美聲，有人天生就擅長數學；有人天生手巧，有人天生手拙；有人身體強健，也有人生來就很虛弱。這樣說的話，一個人有百分之九十的人生，都是由超乎人類所知的命運之力所設定好的；剩下的百分之十左右，則是取決於人類的智慧與才識。

雖然這也是先於是非善惡的問題，但如果能建立起這樣的看法與思考方式，就不會自鳴得意或是因失意而沮喪，而是能淡然處之，坦率而謙虛地開拓出自己的道路。雖然思考方式有很多種，但要時常試著以這樣的心境來潛心思考。

《路是無限寬廣》

我想你應該能順利理解這段內容吧。

除了「是」、「善」等正面因素之外，「先於是非善惡」更加重要。也就是說，首先要用中立的態度來看待。以此為前提，要將這件事用正面還是負面來解釋，則是個人的自由。

這對以「坦率」為目標而言是有意義的。

中立＝坦率的狀態，即是實現「自由」的狀態。

不過，因為不管用哪種想法來解釋都沒關係，所以希望各位都以能幸福、輕鬆度過每一天的方法來進行，這才是坦率的思考。

此外，因為有很多人會在不知不覺中用負面的想法來解釋，所以本書一開頭才會請各位「先進行正面．聚焦的練習」。

不管選擇正面還是負面，都是個人的自由。

成為不管哪邊都能選擇的「自由自在的自己」吧。

這就是本書真正想講的事。

事實上，將「正面．聚焦」視為基本教義，本身就是不自由的。

如同我在第二章「發想．實行．反省」部分解說過的，在反省的脈絡之中，過度正面反而會成為阻礙。

所謂「藥即是毒，毒即是藥」，事物都有陰陽兩面。沒有因為是藥、是陽，就是無條件正確這回事。

能根據需要而自由來回兩端，即是中立的狀態。

「坦率」，以及藉由「客觀審視」來培養坦率，正是本書的最終目標。

實踐坦率的心

在此，將接著介紹如何磨練出中立＝「坦率」的態度。不，正確地說，就如同先前稍微提到的：

事實上，各位已經寫過很多用來培養「坦率」的「紙一張」了。

藉由本書大量寫出「工作表1」後，你應該已經相當能將腦中的想法一吐為快。如果你已經達到「覺得已經快要寫不出來，腦袋變成一片空白」的心境，就代表已經準備萬全。

接著，就來將前面所介紹的「中級」流程，加到目前為止所寫過的所有「紙一張」之中吧。

僅僅是這樣做，就足以培養出充分的「坦率」。

例如，在第二章「成長發展」的部分，曾經請你以「為什麼要工作？」為主題寫下「紙一張」。希望你能輕聲唸出那張「工作表1」，用言語呈現內容：

「我已經是個能夠寫出六個工作的理由，而且覺得其中的○○、△△跟□□三項特別重要的人了。」

然後，就把它當作別人的事，試著拋開看看。

藉由這樣的客觀審視訓練，能對培養坦率之心發揮很大的效果。

或是，在「一日涵養，一日休養」的部分，我們也曾以「假日的時候都怎麼度過呢？」為主題寫下「工作表1」。

這邊也一樣，請試著用同樣的方式，輕聲且平靜地將內容化成言語：「我已經是個可以將○○作為主題，寫出△△的關鍵字的人了」。

另外也請檢查看看，這個「紙一張」是否提供了跟「為他人做出貢獻」相關的學習機會吧。

可能有些讀者會用「根本沒有寫到這樣的內容」、「就算是跟學習相關的事，也都是為了自己，而不是為了別人」，像這些負面的想法來解釋也說不定。

然而，現在我希望你能專注的事情，是先於負面想法之前的階段。首先，要平靜地確認所寫下的事實。以此為前提之後，要沮喪或是開心，聚焦在哪個方向的解釋都是個人的自由。這就是該有的思考迴路。

不過，為了能掌握這樣的自由度，在「首先要坦率地掌握」這個階段，先做好緩衝是必要的。

「坦率的心」的實踐

客觀審視所有「紙一張」

以上的內容，你應該能理解吧。就算是霧裡看花，你也應該能夠掌握本書作為目標的頂峰。最後一項作業，就是將目前為止寫過的所有「紙一張」，試著加入相同的步驟。

「對於這個主題，我已經是能只寫出三個關鍵詞的人了。」

「這個主題，我已經是覺得十五個關鍵詞也不夠寫的人了。」

「如果是這個主題，我已經變成會想用紅筆圈出來的人了。」

就像這樣，只要加上將事實化為言語的步驟，再次重新回顧就可以。這麼做也是複習本書的一個好方式。

要先於是非善惡，就要先撇開什麼是善、什麼是惡的判斷，先試著進行提高自己客觀審視能力的訓練。

順道一提，這裡用了很多次「客觀審視」這個詞彙。

就像審「視」這個詞字面上的意思，如果不去「看見」的話，就沒辦法客觀審視了。

那麼，要怎麼做才能達到「看到自己」的狀態呢？物理上當然是用鏡子，但要映照出想法以及心理狀態，果然還是得「寫在紙上」才行吧。

不管是「坦率」還是「正向」，或是「看見優點」都一樣，只要是想將松下幸之助的世界觀深植自己心中，我想沒有比「寫在紙上」還更有效的方法了。

正因為如此，本書才以《成功語錄超實踐！》為題，徹底解說客觀審視自己、建立起必要思考迴路的方法。

這並不是什麼引人注目的標題，但我覺得沒有比這個方法更好的捷徑了。再加上，本書中所寫的「紙一張」，是每次執行都能徹底排除負擔、非常簡單的做法。這是因為這個方法本身就是以長期實踐為前提的緣故。

以此為前提，在此為你介紹最後的名言：

我曾聽說，學棋的人，就算不特別請老師來教，只要下個一萬盤棋的話，就能達到初段的水準。要擁有坦率的心，其道理跟下棋可以說是一樣的。首先要在心裡發願要有一顆坦率的心，然後每天早晚都要抱持這個想法。也就是說，時時惦記著「坦率的心是能發揮偉大效用又可貴的東西，所以我也想要擁有」，是一件很重要的事。

我認為，好好檢討自己昨天或今天的行為是否符合坦率的心、反省自己是很重要的。再度檢視自己，看看自己的想法是否如預期地沒有偏差、有沒有表現出受拘束的態度等，如此好好反省非常重要。

像這樣，在不斷反省日常行為的同時，回顧自己是否有以不受拘束的廣闊視野來判斷事物，是否有用一顆不受束縛的心來面對昨日事與今日事，一點一滴地培養、精進心智十分重要。持續這樣的姿態一年、兩年、三年，到大概三十年以後，我想就可以達到所謂坦率的初段水準了。

> 達到了坦率的初段之後，才稱得上擁有獨當一面的坦率的心；也才能在大多數的場合之中（特別的情況除外），不失誤地做出判斷與行動。
>
> 《為了擁有坦率的心》

這次我所介紹的「寫下紙一張」這個方法，我也不知道到底能把三十年濃縮成幾年。

不過，無論多寡，要怎樣才能用具體的形式來達到「坦率的初段」，我想本書應該能帶給你超出百分之百的理解才是。

連松下幸之助都說要花費三十年，我想是因為他想先用更宏觀的視野看待時間的緣故。雖說如此，這件事就是一天一天、一張一張地持續累積。

如果你能從現在開始，一起踏上「紙一張」這條道路，身為作者，沒有比這個更能讓人開心的事了。

說不定到了哪天，整個世界都會充滿將松下幸之助留下的金玉良言，以理所當然的態度實踐於日常生活中的商業人士也說不定……。

伴隨著這個希望，本書也將進入尾聲。

後記

本書所介紹的名言盡可能引用自「心得帖」系列。

所謂「心得帖系列」，是統整了松下幸之助對於人生、工作、生意的基本思考方法的六本作品。

松下幸之助的著作量十分龐大，不過這六本都很精簡，非常易讀。

如果你讀過本書後對松下幸之助產生興趣，建議你可先讀完下面這幾本：

- 《生意心得帖》
- 《經營心得帖》

- 《社員心得帖》
- 《人生心得帖》
- 《實踐經營哲學》
- 《光只是注意到經營訣竅所在就已值百萬》

除了上述列出的書籍，我也介紹了從以下三本著作中摘錄的名言：

- 《人生談義》
- 《為了擁有坦率的心》
- 《路是無限寬廣》

在我二十多歲讀到《人生談義》的時候，這本書令我大為感動：「原來如此，竟然有能這麼樂觀看待事物的方法。」

《為了擁有坦率的心》則收錄了本書最後介紹到的名言。標題正好也切合終章的內容，還請務必試著閱讀。

還有不用說大家也知道的《路是無限寬廣》，在此請容我多介紹一下有聲書。有聲書是由知名配音員大塚明夫來朗讀。他曾配過《怪醫黑傑克》、《攻殼機動隊》的巴特、《機動戰士鋼彈0083》的卡多、史蒂芬・席格的日文版配音等；你可以透過這個不管是誰都耳熟能詳的美聲，欣賞《路是無限寬廣》。

有聲書能提供無法從紙本書中獲得的新鮮體驗，如果是已經讀過紙本書的讀者，有機會也請嘗試看看有聲書。

事實上，這次構思出本書概念最一開始的契機，正是因為我透過這本有聲書，久違地細細重讀了《路是無限寬廣》。

在這之後，有幸獲得了出版該書的ＰＨＰ研究所提供的出版機會。對從學生時代就是松下幸之助書迷的我來說，真是非常令人開心的一件事。能夠在松下幸之助創立的ＰＨＰ研究所出書，沒有什麼事比這個更值得感謝的了。

不過，當初所談好的出版主題，和現在可說是天差地遠。用一開始的題目執筆之時，寫完前言後內文就一直處於停滯狀態……。

在此期間，我廣泛地閱讀和執筆主題沒有直接關係的松下幸之助著作，每天過著逃避寫稿的日子。

打破這窘境的轉機，是出現在我和兩本百萬暢銷作家所著作的「松下幸之助論」相遇之後。

第一本書，是以《創造生命價值》等系列聞名的飯田史彥先生所撰寫的《向松下幸之助學習人生論》。

第二本書，是以《猶太人富翁教我的事》等系列聞名的本田健先生所撰寫的《命運是無限寬廣——善於生存的〈松下幸之助〉教我的事》。

在我同時閱讀這兩本書的時候，心裡不禁浮現出了這句臺詞：

「啊，我知道怎麼寫了！」

借用松下幸之助的話來講，這就是「發想」的瞬間吧。回過神來，我已經開始撰寫以「只要寫下『紙一張』就能實踐松下幸之助的工作方法的書」為概念的出版企畫了。然後，我將這份企畫書用「紙一張」統整，向PHP的責任編輯提案。

在這之後，我實際上只花了兩個禮拜左右的時間，就將本書的原稿一口氣完成。當時的文思就有如湧泉一般。在這個文思消失之前，無論如何都要先以具體形式寫下來；我在這樣的狀態下，完全忘我地度過了這段時間。

不過，在原稿大致完成的時間點，出版企畫尚未通過，所以我也不知道這本書到底能否問世。

原本，客觀來說曾在TOYOTA工作、才三十多歲，也非暢銷作家的我，應當是沒有資格去評論松下幸之助的。我覺得這個企畫通過的機率，照理來說連百分之十都不到。

儘管如此，我還是忍不住寫了這本書。

這正是「先於是非善惡」的事。

先將企畫如何處理暫且放在一邊，總之我當時確信：這次的內容不管對讀者、商管書業界，還是世界的整體商業環境而言，都能在成長發展上做出貢獻。

以此為前提，將其轉變成具體形式便成了義務，讓其埋藏於心中就等同於放棄了責任；總之，想寫下這樣的內容就是我的心聲，所以我便順從了這份「坦率」。

將原稿交給ＰＨＰ之後，才知道ＰＨＰ研究所其實也想推出以「實踐松下幸之助」為概念的新書。再加上，今年（二〇一八年）正好又是Panasonic創業一〇〇週年，在這樣的因緣際會之下，出版的速度也突然間加快了。

我心中湧出的發想，就以這樣的形式真正開花結果。甚至到現在，我有時還是會覺得「這是在做夢吧」，這就是本書不可思議的誕生過程。

不過，這個過程再怎麼不可思議，還是有一件真真切切的事。

那就是只憑我的一己之力，是絕對無法實現這件事的。感謝ＰＨＰ研究所的渡邊祐介先生、櫻井濟先生，在創業一〇〇週年紀念企畫迫在眉睫之際，還撥出那麼多時間支援本書。還有，若不是擔任編輯的宮脇崇廣先生聯繫我，也就不會有這本書的發想了。其他還有，和宮脇先生一起致力於讓這份企畫通過的總編輯中村康教先生、完成超棒裝禎的井上新八先生等等。我要在此對所有協參與本書出版的各位致上深深的謝意。

然後，我對我的太太以及即將滿一歲的長男更是只有滿滿的感謝。其實在這次執筆的最終階段，我在照顧小孩的時候手腕不小心骨折了。有大半的育兒和家事都無法負擔，給我太太帶來了很大的麻煩。

在甚至沒辦法好好打鍵盤的狀況下，還能將本書執筆到最後，都是託我的太太，以及總是元氣滿滿、為我帶來幸福的兒子之福。真的很感謝你們兩個！

這本非比尋常的積極名言集、前所未有的獨特松下幸之助書籍，是經過了以上的軌跡才送到你的手邊的。

最後，讓我們再回到序章中所接觸過的訊息。

這本「超實踐書」的主角，到頭來還是你自己。

讀完本書後，還請別停下作為本書主人翁的實踐之道。

藉由「紙一張」，步上對自己和周圍的成長發展有所貢獻的大道。

並試著將這條道路探索到底吧。

平成三十年三月

「一枚」WORKS株式會社（1 Sheet Frame Works）代表董事　淺田卓

＊本書中所提到的「坦率」一詞，係由日文「素直」一詞翻譯而來。「素直」在日文中，並非一般所指的含意，而是「觀看事物本質的心」的意思。為了便於中文讀者理解，本書統一譯為「坦率」。

實用知識62

成功語錄超實踐！松下幸之助的職場心法

從思考優先轉為行動優先的「紙一張」思考工作術

超訳より超実践 ー「紙1枚！」松下幸之助

作　　者：淺田卓 Asada Suguru
譯　　者：汫玲
責任編輯：林佳慧
校　　對：李靜宜、林佳慧
封面設計：陳文德
美術設計：洪偉傑
寶鼎行銷顧問：劉邦寧

發 行 人：洪祺祥
副總經理：洪偉傑
副總編輯：林佳慧
法律顧問：建大法律事務所
財務顧問：高威會計師事務所
出　　版：日月文化出版股份有限公司
製　　作：寶鼎出版
地　　址：台北市信義路三段151號8樓
電　　話：(02) 2708-5509　　傳真：(02) 2708-6157
客服信箱：service@heliopolis.com.tw
網　　址：www.heliopolis.com.tw
郵撥帳號：19716071 日月文化出版股份有限公司

總 經 銷：聯合發行股份有限公司
電　　話：(02) 2917-8022　　傳真：(02) 2915-7212
製版印刷：中原造像股份有限公司
初　　版：2019年7月
定　　價：350元
I S B N：978-986-248-819-5

國家圖書館出版品預行編目（CIP）資料

成功語錄超實踐！松下幸之助的職場心法：從思考優先轉為行動優先的「紙一張」思考工作術／淺田卓著；汫玲譯. -- 初版. -- 臺北市：日月文化，2019.07
256面；14.7 × 21公分. -- （實用知識；62）
譯自：超訳より超実践ー「紙1枚！」松下幸之助

ISBN 978-986-248-819-5（平裝）

1.職場成功法

494.35　　108008713

預約實用知識，延伸出版價值